COMMENT LES VACHES SONT DEVENUES FOLLES

Maxime SCHWARTZ

COMMENT LES VACHES SONT DEVENUES FOLLES

EDITIONS
ODILE JACOB

15, RUE SOUFFLOT, 75005 PARIS

www.odilejacob.fr

ISBN : 2-7381-0958-6

« Et voilà que la virulence nous apparaît sous un jour nouveau qui ne laisse pas d'être inquiétant pour l'humanité, à moins que la nature dans son évolution à travers les siècles passés ait déjà rencontré toutes les occasions de production des maladies virulentes ou contagieuses, ce qui est fort invraisemblable. »

Louis PASTEUR
28 février 1881

« Il y aura donc des maladies nouvelles. C'est un fait fatal. Un autre fait, aussi fatal, est que nous ne saurons jamais les dépister dès leur origine. Lorsque nous aurons notion de ces maladies, elles seront déjà toutes formées, adultes pourrait-on dire. Elles apparaîtront comme Athéna parut, sortant toute armée du cerveau de Zeus. »

Charles NICOLLE, 1933
(Directeur de l'Institut Pasteur de Tunis,
lauréat du prix Nobel de médecine en 1928)

PROLOGUE

Inconnue du public hier, la maladie de Creutzfeldt-Jakob est à présent évoquée chaque jour par les médias. Qu'est-ce au juste que cette maladie, dont on craint qu'elle ne nous menace tous ? Que signifient ces qualificatifs qu'on lui attribue, tels que « sporadique », « familiale », « iatrogène », « nouvelle variante » ? Quelle est sa relation avec la maladie de la vache folle, qu'on appelle aussi ESB, et avec une maladie du mouton dont on parle parfois, la tremblante ? Si elle peut être transmise de la vache à l'homme, pourquoi pas du mouton à l'homme ? Ce serait une maladie infectieuse. Se transmet-elle donc de l'homme à l'homme ? Quel en est l'agent responsable ? On nous dit que ce n'est ni une bactérie ni un virus : qu'est-ce alors ? Ne peut-on le détecter chez les animaux ou les hommes infectés, être vacciné contre lui, l'éliminer par des médicaments appropriés ? Pourquoi les vaches sont-elles devenues folles ? On prétend que c'est parce qu'on les a nourries avec des farines animales. Peut-on espérer que les mesures d'interdiction prises par les gouvernements vont réellement mettre fin à cette épidémie ? En attendant, que devons-nous faire pour nous protéger ? Pouvons-nous manger de la viande de bœuf, boire du lait ? Combien y aura-t-il de victimes humaines ? Des dizaines de victimes ou des centaines de milliers ?

Ces questions, et bien d'autres, beaucoup d'entre nous se les posent. Pour le moment, la science, malheureusement, ne peut y répondre qu'en partie, et le manque de certitudes scientifiques nourrit les inquiétudes, voire les fantasmes.

En France, ce qu'on appelle la « crise de la vache folle » a pris des proportions inouïes à la fin de l'année 2000, au point de devenir, sans doute, l'événement le plus marquant des derniers mois du XXe siècle. Plusieurs causes se sont conjuguées. Au-delà de faits isolés, auxquels on a donné une large publicité, se trouvaient des éléments qui, objectivement, pouvaient inquiéter. Parmi ceux-ci, on peut citer : les prévisions faites par des épidémiologistes selon lesquels le nombre de victimes humaines de la maladie pourrait être supérieur à cent mille en Grande-Bretagne ; le nombre croissant des cas d'ESB rapportés chez les bovins en France ; un résultat scientifique suggérant la possibilité d'une transmission de la maladie par transfusion sanguine. À la fin du mois de novembre, l'apparition de cas de vaches folles en Allemagne et en Espagne, pays jusqu'alors considérés comme indemnes, eut pour effet d'étendre à l'ensemble de l'Europe ce que beaucoup ont appelé « une véritable psychose ». La perte de confiance dans les produits d'origine bovine s'est étendue à l'ensemble de la filière agro-alimentaire. Les gens ne savaient plus ce qu'ils pouvaient manger sans risque. Les conséquences économiques et politiques sont connues de tous.

Un autre fait ajoute à la confusion. En effet, à la crise de la vache folle se superpose un autre drame. Celui de la transmission de la maladie de Creutzfeldt-Jakob à des enfants lors de l'administration de traitements à l'hormone de croissance.

Ce drame a éclaté en 1985, lorsqu'on a identifié les premiers cas aux États-Unis. Il se poursuit hélas, particulièrement en France où de nouveaux cas se déclarent encore chaque année. Cette affaire fait aujourd'hui l'objet d'une instruction judiciaire. Le public s'interroge : comment des médecins ont-ils pu inoculer une maladie mortelle à des enfants en leur administrant un traitement destiné à les faire grandir ?

Aujourd'hui, la maladie de Creutzfeldt-Jakob fait peur. Parce qu'elle est toujours mortelle, parce qu'elle touche le système nerveux central, et donc la personnalité et la conscience mêmes de l'individu. Parce que nous éprouvons tous la crainte diffuse d'en être frappés un jour, contaminés par une voie ou par une autre.

Pour éviter de tomber dans la psychose, il importe de pouvoir évaluer de façon raisonnée les informations souvent alarmistes qui nous parviennent. Cela implique d'en savoir un peu plus sur cette maladie, sur ce « Mal » quelque peu mystérieux, et de tenter de comprendre d'où il vient et comment il se transmet. Or, lorsqu'on recherche les origines du Mal qui nous inquiète et l'évolution des connaissances à son sujet, on découvre une histoire qui a les apparences d'un roman policier dont le début remonte à fort longtemps.

Au temps de Louis XV, en effet, le Mal rôdait déjà.

D'abord reconnu chez les moutons anglais, le Mal tue tous ceux qu'il touche. Il se cache sous des formes multiples, criminel qui change perpétuellement d'apparence pour échapper à ses poursuivants. Car, depuis bientôt trois siècles, il est traqué. Commencée en Grande-Bretagne, la traque s'est poursuivie dans de nombreux autres pays : la France, l'Allemagne, les États-Unis, mais aussi la Suisse, l'Autriche, Israël, l'Australie, et deux îles lointaines, situées aux antipodes l'une de l'autre, l'Islande et la Nouvelle-Guinée. Elle a recouru aux moyens scientifiques les plus modernes, au fur et à mesure de leur apparition, mais en faisant aussi un détour par l'âge de pierre.

À plusieurs reprises, comme s'il se sentait près d'être débusqué, le Mal a contre-attaqué, faisant de nombreuses victimes et semant l'angoisse.

La traque est-elle terminée ? Beaucoup le pensent, certains en doutent. Qu'on en juge !

I

CET ÉTRANGE VERTIGE DU MOUTON

Le siècle de Louis XV, qui devait se terminer par la Révolution française, fut aussi le Siècle des Lumières. L'idée s'impose alors que les progrès des sciences doivent permettre à l'homme de maîtriser le monde qui l'environne. Ne vient-il pas, grâce au paratonnerre, de contrôler la foudre ? On commence par faire l'inventaire de toutes les richesses de la nature – c'est l'époque de Linné, de Buffon, et de Diderot – et on tente de rationaliser leur usage.

Cette démarche est particulièrement sensible dans les domaines de l'agriculture et de l'élevage. L'amélioration de la productivité est à l'ordre du jour. Les propriétaires terriens s'organisent. Des sociétés et académies d'agriculture sont créées, où les questions liées à l'exploitation agricole sont discutées, où des informations sont échangées et des documents publiés. En Angleterre, la généralisation de la politique des *enclosures*, qui évince les petits propriétaires au profit des gros, donne à ces derniers des moyens d'investissement à long terme. En matière d'élevage, des efforts importants sont consentis pour améliorer l'alimentation et les conditions de vie des animaux, et pour sélectionner des races présentant les meilleurs caractères de productivité.

L'élevage des ovins est le premier à bénéficier de cette modernisation, car la production de la laine représente un enjeu économique considérable, non seulement pour l'Angleterre, mais pour l'ensemble de l'Europe. En Angleterre, on estime qu'environ le quart de la population était impliqué d'une façon ou d'une autre dans la production ou le commerce de la laine ! Cet intérêt était appelé à durer. À la fin du siècle suivant, un éminent vétérinaire français, tout en notant que l'élevage du mouton se faisait de plus en plus en vue de la production de viande, écrivait cependant :

« La laine est une des bases sur lesquelles repose le bien-être matériel des sociétés modernes. Nous sommes donc autorisés à avancer que le peuple qui produira le plus de laine sera le plus riche, et peut-être le plus puissant. Depuis plus de cinquante ans, la production de la laine est retombée en pluie d'or sur l'Europe : l'Allemagne, la Russie lui doivent un bien-être matériel qui leur était inconnu, et l'espoir fondé d'une prospérité prochaine. Quant à l'Angleterre, n'est-ce pas à ses mérinos innombrables qu'il faut attribuer la richesse de ses colonies et la splendeur de son commerce incomparable [1] ? »

Quoi d'étonnant, alors que les « bêtes à laine » sont l'objet de tous les soins, que l'on se préoccupât des maladies qui pouvaient les affecter ? Il importait d'en faire l'inventaire, avec l'espoir de les vaincre.

C'est ainsi que l'existence du Mal fut rapportée pour la première fois dans les années 1730. En témoigne le texte ci-dessous, écrit en 1772 par un gentilhomme nommé Comber, au sujet d'une maladie ovine qu'il appelle *rickets* (rachitisme) :

« Le symptôme principal durant la première phase de cette maladie est comme une perte de raison, qui rend le mouton beaucoup plus sauvage que d'habitude lorsque son maître, le berger, ou un étranger s'approche de lui. Il se lève brutalement de son gîte et se met à courir comme s'il était poursuivi par un chien [...] Durant la deuxième phase de la maladie, le principal symptôme est que le mouton se frotte contre les arbres, les poteaux [...] avec une telle ardeur qu'il s'arrache la laine et s'écorche la peau. Le malheureux animal ressent de violentes démangeaisons [...] bien qu'aucune éruption ne soit visible sur la peau [...] Durant la troisième et dernière phase, le pauvre animal, comme condamné par la Nature, semble stupide, se déplace à l'écart du troupeau, marche de façon irrégulière [...] reste le plus souvent étendu, et se nourrit très peu. Ces symptômes s'aggravent jusqu'à la mort, qui suit un amaigrissement extrême [...].
Je ne pense pas que cette maladie soit infectieuse, mais plutôt, hélas, héréditaire, et transmise aussi bien par le père que par la mère ; comme les autres maladies héréditaires, elle peut sembler disparaître pendant une génération [...] puis réapparaître avec toute sa vigueur initiale [...].
Une chose est certaine, c'est qu'aucun mouton atteint par cette maladie n'en guérit ; une chose également certaine est que tout mouton qui y échappe durant ses premières années en restera indemne par la suite [...].
On pense généralement que cette maladie est présente en Angleterre depuis environ quarante ans ; les bergers de ce comté prétendent qu'elle leur est venue du comté voisin de Lincoln [2]. »

Quarante ans avant 1772, cela nous met en1732.

Une indication indépendante de la présence du Mal dans le comté de Lincoln durant la première moitié du XVIIIe siècle est fournie par un rapport adressé à la Chambre des Communes (*House of Commons*) en 1755 par les éleveurs de moutons de ce comté. Dans ce rapport [3], il est dit que depuis dix ans, une maladie qu'ils appellent, eux aussi, *rickets*, ou encore *shaking*, atteignait leurs troupeaux ; que cette maladie était transmise par les béliers, et qu'elle était fréquemment « dans le sang » des animaux un à deux ans avant d'être détectable, mais qu'une fois déclarée, elle ne guérissait jamais. Les fermiers souhaitaient que des mesures soient prises à l'encontre des *jobbers*, des spéculateurs qui avaient acquis le monopole du commerce des moutons, et mélangeaient les animaux malades avec les bien-portants.

Après ces premières descriptions, l'existence du Mal est rapportée à de nombreuses reprises jusqu'à la fin du XIXe siècle tant en Grande-Bretagne qu'en Allemagne et en France. Assez curieusement, il paraît être redécouvert périodiquement comme une nouvelle maladie, ce qui lui vaut de recevoir une multitude de dénominations. À la fin du XIXe siècle, les Anglais adoptent de façon définitive le terme *scrapie* et les Français « tremblante ».

L'« oubli » apparent de la maladie entre deux redécouvertes est dû en grande partie, semble-t-il, au fait qu'elle est considérée comme honteuse, si bien que les éleveurs prennent le plus grand soin à la dissimuler. La présence d'un animal atteint de ce Mal rend tout le troupeau suspect et diminue considérablement sa valeur. Pour l'éleveur, c'est un désastre économique et une atteinte à son honneur. Il faut dire que la vision d'un animal atteint a de quoi émouvoir, surtout dans la phase terminale. Reportons-nous à la description qu'en ont faite en 1937 trois grands vétérinaires français, Bertrand, Carré et Lucam. Bien que plus détaillée que celle donnée par Comber un siècle et demi plus tôt, elle montre qu'il s'agissait bien toujours de la même maladie :

« Dès qu'une bête est atteinte, elle se gratte avec frénésie en se frottant vigoureusement la queue, la croupe, les lombes, le dos contre les murs ou la mangeoire. Parfois, elle s'assied à la manière d'un chien, et de cette façon se frotte énergiquement, sur le sol, les parties postérieures des cuisses. Avec les membres postérieurs, elle se gratte la tête et les parties antérieures du corps. Avec les dents, elle se gratte les parties inférieures des membres. L'animal, continuellement dévoré par ce prurit (démangeaison) généralisé et persistant, passe tout son temps à vouloir se gratter d'une manière quelconque [...].
Si l'on examine la peau à ce stade de la maladie, on ne trouve absolument aucune lésion : la souplesse, la finesse, la coloration sont conservées et il est absolument impossible de rattacher ce prurit à une cause cutanée.
Les (animaux) malades ont l'air effaré, l'œil hagard. Certains se mettent subitement à courir, comme effrayés, sans aucun motif. Quand ils sont seuls et qu'on peut les observer, à la bergerie par exemple, sans qu'ils soupçonnent la présence de l'observateur, on peut les voir quelquefois immobiles, la tête haute, les oreilles attentives, le regard fixe, comme s'ils écoutaient un bruit lointain ; puis, tout à coup, ils bondissent et se mettent à fuir éperdument devant un danger imaginaire. Au cours de ces fuites, l'allure est bien particulière : la tête est portée très haute et les membres antérieurs sont jetés très en avant pour entamer le terrain [...].
Le bêlement est changé, indécis, tremblotant, faible. Sur la plupart des malades, le moindre attouchement surtout sur le train postérieur, l'approche d'une personne ou d'un chien détermine un tressaillement, un frémissement, ou même un véritable tremblement intense et prolongé. C'est ce tremblement musculaire, localisé ou généralisé qui a fait donner le nom à la maladie : “tremblante” [...].
Une deuxième période (de la maladie) est caractérisée par des tremblements plus marqués de la tête et du système

musculaire, par un affaiblissement général, par l'apparition de lésions secondaires de grattage, et surtout par la présence d'un nouveau symptôme : l'incoordination des mouvements [...] L'appétit jusqu'alors conservé commence à diminuer ; l'animal maigrit, le tonus musculaire décroît ; c'est le début de la cachexie (amaigrissement) qui ira en s'amplifiant et deviendra extrême à la période terminale [...]
Le prurit devenant de plus en plus violent, l'animal se frotte, se gratte, se mord jusqu'à s'excorier (s'égratigner). Par les frottements incessants, la laine devient cassante, mécheuse et finit par s'arracher sur de larges surfaces. Au niveau des zones ainsi dénudées, la peau irritée devient rouge, s'épaissit, se plisse, se couvre de croûtes. Des écorchures, des plaies apparaissent où la suppuration s'installe.
Bientôt l'animal est dans un état lamentable de maigreur et de saleté, avec un restant de toison embroussaillée et une peau dénudée couverte de plaies.
On note alors l'incoordination des mouvements : peu à peu l'allure du malade devient incertaine, hésitante ; il reste en arrière du troupeau qu'il suit avec peine ; à chaque pas il trébuche. Les troubles locomoteurs s'observent surtout aux membres postérieurs qui sont gênés, raides [...] Si l'on précipite l'allure, les déplacements se font d'une manière désordonnée en trottant des antérieurs et en galopant des postérieurs [...] Les chutes sont fréquentes...
Dans une troisième période, tous les symptômes précédemment notés s'aggravent [...] (L'animal) titube comme un homme ivre et reste plus volontiers couché dans une encoignure. Quelquefois, quand on le force à se tenir debout, sans appui, il demeure immobile, les membres écartés, la tête basse, le corps oscillant doucement comme s'il cherchait son équilibre sur un plancher mobile ; puis péniblement il gagne en zigzaguant un coin où il se laisse tomber d'une masse en poussant souvent une plainte.

Dans une dernière période, le relever et les déplacements deviennent impossibles et le malade (l'animal) ne peut que se traîner sur les genoux. L'amaigrissement est extrême, l'appétit a complètement disparu. Souvent s'installe une diarrhée fétide et épuisante. L'animal finit par s'étendre complètement sur le côté ; de temps à autre il agite ses membres, ce qui montre bien qu'à aucun moment n'apparaît de paralysie [...] La température baisse et la mort survient sans agonie, dans une déchéance physique absolue.
Notons qu'il n'existe aucune réaction thermique pendant toute la durée de la maladie [...].
La période qui s'écoule entre l'apparition des premiers symptômes et la mort peut aller de six semaines à six mois. En moyenne elle est de trois mois environ [4]. »

Cette description reprend les symptômes relevés par les différents auteurs depuis le début du XVIIIe siècle. Leur importance relative n'est cependant pas constante, et cela se traduit par les dénominations très diverses données à la maladie. Le nom anglais *scrapie* venant du verbe *to scrape*, qui signifie « gratter, écorcher », souligne les démangeaisons apparemment intolérables dont sont victimes les animaux touchés, et qui les conduisent à se gratter furieusement, au point de s'arracher la toison de laine en maints endroits. Ce sont les mêmes symptômes qui sont mis en avant dans la vieille dénomination française « prurigo lombaire ». En revanche, les autres dénominations utilisées en France, telles que « maladie convulsive », « maladie folle », « maladie nerveuse », « maladie chancelante », « névralgie lombaire », « trembleuse », et, bien entendu, « tremblante », finalement retenue, mettent l'accent sur les symptômes d'ordre neurologique : le système nerveux est clairement atteint. C'est aussi cet aspect qui est privilégié dans une autre dénomination, non dénuée de poésie, utilisée en France, « vertige du mouton », ainsi que dans la dénomination la plus couramment utilisée en Allemagne, *traberkrankheit* qui souligne la démarche très particulière – *traber* signifie « trot » – observée chez les animaux malades. Cette diversité dans la perception des symptômes a beaucoup retardé la prise de conscience du fait qu'il s'agissait bien d'une même maladie. Elle rend très hasardeuse l'identification de la tremblante parmi les affections décrites chez les moutons avant le début du XVIIIe siècle, et laisse même planer un certain doute sur la nature réelle de maladies décrites sous ce nom aux XVIIIe et XIXe siècles. En effet, certains des symptômes de la tremblante, pris isolément, peuvent être confondus avec ceux qui résultent d'autres maladies.

Ces incertitudes expliquent qu'il est très difficile d'assigner une date à l'introduction de la tremblante en Europe occidentale. Certains pensent qu'elle a été due à l'importation de mérinos en provenance d'Espagne. Ces importations, réalisées dans l'objectif de produire une laine de grande qualité, ont eu lieu dès le début du XVIIIe siècle en Angleterre, mais seulement à la fin de ce siècle en France. Cela paraît correspondre aux dates des premières descriptions de la tremblante dans ces deux pays. D'autres mettent en doute l'implication des mérinos et pensent que leur importation a simplement eu lieu à un moment où l'élevage du mouton a commencé à être l'objet de toutes les attentions. Ce serait à cause de cette attention que la maladie a été détectée. Enfin, la plupart s'accordent à penser que la tremblante devait être présente en Allemagne et en Europe centrale avant l'introduction des mérinos dans ces pays.

Pour les éleveurs et les vétérinaires de l'époque, la grande question était de trouver une parade à cette maladie, qui pouvait toucher de 5 à 10 % des animaux dans certains troupeaux. La maladie conduisait inéluctablement à la mort, et aucun des remèdes essayés ne donnait de résultats. Il importait donc avant tout de comprendre quelle était la cause de la maladie afin de pouvoir en protéger les animaux. Or, sur ce sujet, le moins que l'on puisse dire, c'est que les avis ne concordaient pas. Certains voyaient dans la tremblante une maladie infectieuse, d'autres une maladie héréditaire, d'autres enfin estimaient qu'elle résultait de facteurs liés à l'environnement, à l'alimentation ou aux conditions d'élevage.

Parmi les tenants du caractère infectieux, on peut citer cet auteur allemand qui, en 1759, écrivait que la meilleure solution pour un berger qui constatait que l'un de ses animaux était atteint de tremblante, c'était de le retirer immédiatement du troupeau, de le sacrifier... et d'utiliser sa viande pour nourrir les domestiques ! L'auteur ajoutait que l'animal malade devait être isolé sans tarder, parce que la maladie était contagieuse et pouvait entraîner de sérieux dommages dans le reste du troupeau.

D'autres, rejetaient totalement cette idée de contagion. Remarquant, par exemple, que dans un troupeau donné la descendance de certains béliers était affectée alors que celle d'autres béliers ne l'était pas, ils concluaient que la maladie était héréditaire.

Parmi ceux qui ne croyaient ni à la contagion ni à l'hérédité, se trouvait un certain Lezius, dont le point de vue fut ainsi rapporté en 1827 :

« M. Lezius conclut des observations très exactes qu'il a faites, que le vertige des brebis provient d'un procédé vicieux qu'on suit à l'occasion de l'accouplement, et que cette maladie affecte spécialement les brebis engendrées par des béliers trop ardens, qu'on empêche, dans leur état de surexcitation, de satisfaire suffisamment l'instinct de la génération. Les béliers qui sont dans ce cas, et qui ne pourront couvrir qu'une ou deux mères par jour, auront un grand nombre de descendans affectés de vertige ; ceux qui en couvriront plusieurs en auront moins ; enfin, il est probable que ceux qu'on laisse tout seuls et sans concurrens dans un troupeau suffisamment nombreux, n'en engendreront point du tout [5]. »

La tremblante résulterait donc de la frustration sexuelle du père.

Roche-Lubin, vétérinaire à Saint-Affrique, dans l'Aveyron, était d'un avis différent. En 1848, il écrivait :

« En conséquence, dans notre contrée, les causes de la tremblante sont : l'abus de la copulation chez les béliers, les rudes combats qu'ils se livrent entre eux, l'emploi soutenu des provendes (nourritures) excitantes, les sauts, les efforts violents, les courses rapides provoquées par les poursuites des chiens, les grands éclats de tonnerre, les fortes insolations après les premiers jours de la tonte, le retour fréquent de chaleurs chez les bêtes inféconde.
On observe encore quelquefois la tremblante après des parturitions laborieuses, après des avortements dans la première période de la gestation, après la guérison ou pendant la convalescence de certaines inflammations intestinales, après l'ablation du tissu mammaire dans le cas de mastoïte gangreneuse ; enfin, après une répercussion subite d'une gale invétérée.
Je n'ai jamais observé la tremblante en dehors de l'existence d'une de ces causes qui, sans doute, altèrent plus ou moins l'économie, en réagissant d'une manière plus ou moins lente, mais graduée, sur le système nerveux [6]. »

Aujourd'hui, cette analyse prête à sourire. Le plus surprenant, peut-être, c'est l'absence d'éléments de comparaison, de « groupe témoin » comme l'on dit en langage scientifique. En effet, quel mouton n'aura jamais été soumis à l'une ou l'autre des multiples causes énumérées par M. Roche-Lubin, telles, par exemple, qu'avoir été poursuivi par un chien ou avoir entendu un coup de tonnerre ? Tous les moutons n'en sont pas pour autant atteints de tremblante ! À la lecture de cette analyse, on voit à quel point les conclusions tirées par les hommes de sciences de l'époque pouvaient résulter, non pas d'expériences bien conduites, mais d'idées *a priori*, de convictions préétablies. Ainsi, le rôle premier donné à la vie sexuelle des béliers, considérés comme frustrés par les uns et comme exagérément libidineux par les autres, ne pouvait manquer de refléter les convictions morales ou religieuses des auteurs.

En 1848, l'année même où Roche-Lubin publiait ses observations sur la tremblante, paraissait une note à l'Académie des sciences intitulée « Sur la relation qui peut exister entre la forme cristalline et la composition chimique, et sur la cause de la polarisation rotatoire [7] ». C'était la première publication d'un homme dont l'œuvre allait bouleverser l'approche de la médecine, qu'elle soit humaine ou vétérinaire, Louis Pasteur. Bien que celui-ci n'ait jamais mentionné la tremblante dans ses écrits, ses travaux devaient fournir le cadre conceptuel dans lequel allait s'inscrire jusqu'à nos jours l'étude de cette maladie. Les travaux de Pasteur et de ses disciples, sur lesquels nous allons nous attarder, ont permis d'aborder enfin la recherche des causes de la tremblante d'une manière réellement scientifique.

II

MOLÉCULES ET MICROBES

Les premiers travaux de Pasteur relevaient de ce que nous appellerions aujourd'hui « la physico-chimie ». Avant lui, les chimistes avaient établi que les corps, qu'ils soient solides, liquides ou gazeux, étaient en général constitués de molécules, elles-mêmes formées d'atomes. Un corps dit « pur » est constitué d'une seule espèce de molécules, lesquelles contiennent un nombre déterminé d'atomes, liés entre eux par des liaisons bien spécifiques. Par exemple, comme l'a montré Lavoisier en 1783-1785, la molécule d'eau est formée d'un atome d'oxygène et de deux atomes d'hydrogène. Pasteur, étudiant un composé un peu plus complexe que l'eau, le tartrate, qui se dépose dans les cuves à fermentation, parvint à la conclusion qu'une molécule n'est pas toujours entièrement définie par les atomes qu'elle contient et les liaisons qui les réunissent : leur arrangement spatial dans la molécule doit également être pris en compte. Ainsi, le tartrate peut exister sous deux formes, correspondant à deux types de molécules qui contiennent les mêmes atomes, mais qui sont asymétriques en elles-mêmes et symétriques l'une par rapport à l'autre, comme le sont nos deux mains.

L'asymétrie des molécules de tartrate se traduit par une propriété optique particulière de leurs solutions, facile à mesurer (rotation du plan de polarisation de la lumière). Mesurant cet effet, Pasteur constate que de nombreux composés sont constitués, comme le tartrate, de molécules asymétriques, mais que tous sont d'origine végétale ou animale. Rétrospectivement, on comprend cette observation, car l'asymétrie en question résultait des propriétés très particulières de l'atome de carbone qui est présent dans toutes les molécules organiques, c'est-à-dire des molécules produites par des êtres vivants. Aux yeux de Pasteur, l'asymétrie était devenue la marque de la vie, et c'est cette conviction qui devait l'inciter à aborder le domaine des fermentations, puis celui des maladies infectieuses.

Les fermentations, connues de toute antiquité, sont utilisées dans la préparation du pain, du vin et de nombreux autres aliments et boissons. Pourtant, au moment où Pasteur l'aborde, la question des fermentations est d'une extrême confusion. À la suite de la découverte du microscope, à la fin du XVIIe siècle, on avait constaté que des êtres microscopiques, appelés indifféremment « animalcules », « globules », « végétaux mycodermiques », « levures », etc., étaient présents dans les milieux subissant des fermentations. Cependant, on ne comprenait pas la signification de ce phénomène. Pasteur constata que des composés faisant tourner le plan de polarisation de la lumière apparaissent ou disparaissent durant les phénomènes de fermentation. Selon lui, ces composés ne pouvaient qu'être produits ou consommés par des êtres vivants. C'est ainsi qu'il a été conduit à conclure que la fermentation résulte du développement, de la multiplication des micro-organismes présents dans le milieu. Il démontra que l'on peut cultiver ces micro-organismes dans des milieux définis, et faire démarrer à volonté un phénomène de fermentation par inoculation d'une telle culture dans le milieu à fermenter. Qui plus est, il démontra qu'à chaque type de fermentation correspond un type de micro-organisme : celui qui permet la transformation du sucre en alcool dans le jus de raisin n'est pas le même que celui qui transforme le vin en vinaigre.

D'où venaient donc ces micro-organismes responsables des fermentations ? Pasteur se devait d'aborder cette question. En effet, pour beaucoup, les micro-organismes, considérés comme représentant une forme de vie élémentaire, étaient censés apparaître spontanément dans les milieux favorisant leur développement : c'est la théorie de la génération spontanée. Le temps n'est pas si lointain, il ne faut pas l'oublier, où l'on pensait que les souris apparaissaient spontanément dans un panier de linge sale qu'on laissait traîner au grenier ! Par une expérimentation extrêmement rigoureuse, Pasteur démontra que l'apparition de micro-organismes dans un milieu préalablement stérilisé pouvait toujours s'expliquer par un apport de germes provenant de l'extérieur. Le plus souvent, les germes, autrement dit « les micro-organismes », étaient portés par de fines poussières en suspension dans l'air. Pasteur ruinait ainsi le fondement expérimental de la théorie de la génération spontanée.

L'interrogation sur l'existence de la génération spontanée allait rapidement se transposer de la question des fermentations à celle des maladies contagieuses.

Beaucoup, avant Pasteur, avaient noté les similitudes entre ces deux classes de phénomènes. Pasteur lui-même l'exprima de façon saisissante alors qu'il venait de démontrer que le jus de raisin sur lequel on a empêché de se déposer les levures de l'environnement est incapable de fermenter : « N'est-il pas permis de croire, par analogie, qu'un jour viendra où des mesures préventives d'une application facile arrêteront ces fléaux qui, tout à coup, désolent et terrifient les populations, tels que la fièvre jaune ou la peste à bubons [1] ? » Pasteur, désormais, s'attacha à démontrer que, comme les fermentations, les maladies contagieuses étaient dues à des micro-organismes et qu'à chaque maladie correspondait un germe déterminé. Ses travaux, et ceux de Robert Koch en Allemagne, ont défini les règles permettant d'établir un lien de causalité entre un germe et une maladie : présence du germe dans tous les cas où l'état pathologique apparaît, isolement du germe à l'état pur, reproduction de la maladie par la seule intervention de celui-ci. Ces règles ont été appliquées à l'étude d'une maladie vétérinaire, le charbon.

Celle-ci, qui doit son nom au fait que les animaux qui en sont atteints ont le sang presque noir, causait de graves dégâts dans les élevages d'ovins et de bovins. Les travaux de Pasteur et de Koch établirent que cette maladie était due à un micro-organisme, une bactérie, que l'on appelle aujourd'hui « le bacille du charbon ». Les mécanismes de transmission posèrent à Pasteur des problèmes qui méritent l'attention, car ils ne sont pas sans évoquer des questions très actuelles concernant la crise de la vache folle. Nous y reviendrons au prochain chapitre.

En travaillant sur le charbon et certaines autres maladies des animaux, Pasteur démontra que l'on peut préparer des vaccins contre ces maladies en « atténuant » les germes qui les causent. Ainsi, en cultivant le bacille du charbon dans des conditions particulières, il obtint un germe qui ne pouvait donner la maladie, mais qui était capable, lorsqu'il était inoculé à des animaux, de les rendre résistants au bacille virulent. Cette mise au point d'un vaccin contre le charbon avait eu un retentissement considérable. Pourtant, les théories pasteuriennes suscitaient encore des doutes. Pour convaincre les sceptiques, Pasteur décida de s'attaquer à la rage, qui n'affectait pas seulement les animaux, mais aussi l'homme. Ses manifestations chez celui-ci l'avaient rendue fascinante. « La rage pèse sur les imaginations. Elle évoque des visions de légende, de malades furieux, inspirant la terreur à tout leur entourage, attachés et hurlant, ou bien asphyxiés entre deux matelas [2]. » Pour Pasteur, vaincre la rage, c'était assurer la victoire définitive de ses théories.

Il devait d'abord identifier le germe responsable. La démarche qu'il a suivie allait servir de modèle, des années plus tard, dans l'étude de la tremblante. La rage se communiquant par morsure, le germe devait se trouver dans la salive. Armé de son microscope, Pasteur examina donc la salive de chiens enragés. Certes, il vit des microbes, mais on retrouvait les mêmes chez des chiens bien portants. La rage affectait le système nerveux ; le microbe pouvait donc s'y trouver. Hélas, cette fois encore, le microscope se révéla impuissant à détecter un quelconque microbe de la rage. Et pourtant, ce microbe devait exister. En effet, si on injectait dans le cerveau d'animaux bien portants de la salive de chiens enragés, ou des broyats de cerveaux de chiens morts de rage, on les rendait enragés. Leur salive ou leur cerveau pouvaient à leur tour rendre de nouveaux animaux enragés, et ainsi de suite. Cela impliquait que le microbe invisible se multipliait à chaque passage dans un nouvel animal. S'il s'agissait d'un poison inanimé, celui-ci se serait rapidement dilué au cours des passages successifs et aurait perdu tout effet. Pasteur put donc « cultiver », en quelque sorte, ce microbe invisible dans le système nerveux d'animaux vivants, mais il était dans l'incapacité de faire de même dans quelque milieu de culture que ce soit. Ce mystérieux microbe de la rage restait donc insaisissable ! Cela n'a pas empêché Pasteur d'en faire un vaccin, préparé à partir de la moelle épinière de lapins auxquels il avait inoculé la maladie. Ce fut là sa dernière grande victoire, qui lui valut une gloire universelle, et le titre de Bienfaiteur de l'Humanité. Mais c'est une autre histoire.

Qu'était donc ce microbe, invisible au microscope, et qui donnait la rage ? On ne découvrit la clef de ce mystère qu'au début du XXe siècle. Au tournant du siècle, on commença à prendre conscience que certains microbes étaient si petits qu'ils passaient à travers des filtres retenant les microbes habituels tels que ceux du charbon, de la peste ou du choléra. Ces microbes ultramicroscopiques, on les a appelés « virus », dénomination qui recouvrait auparavant, de façon très vague, tout ce qui transmettait des maladies sans qu'on en connaisse la nature. On ne pouvait voir les virus au microscope optique, mais l'invention du microscope électronique, en 1933, a permis de les observer. Ce n'est qu'alors qu'on a enfin pu découvrir le virus de la rage, avec lequel, sans l'avoir vu, Pasteur avait préparé son vaccin un demi-siècle plus tôt.

III

VERS DE TERRE ET CHIENS ENRAGÉS

Pasteur et Koch avaient donc établi que le charbon était dû à une bactérie. Comment la transmission avait-elle lieu dans les troupeaux ? Cette même question se posera, un siècle plus tard, pour la tremblante et la maladie de la vache folle.

Dans certains troupeaux, le charbon prend une forme endémique : une bête est frappée de temps à autre. Dans d'autres cas, il atteint un grand nombre d'animaux en un faible intervalle de temps et devient épidémique. Il peut connaître des réveils en quelque sorte périodiques ou s'endormir de longues années. Koch rapporte deux faits importants qui permettent d'avancer dans la compréhension de ces phénomènes. D'une part, il constate que, dans des conditions impropres à sa multiplication, le bacille peut donner naissance à des spores, formes très résistantes de la bactérie, qui lui permettent de se maintenir en sommeil pendant de longues périodes puis de recommencer à se multiplier dès que les conditions redeviennent favorables. D'autre part, il parvient à provoquer la maladie chez des animaux en mélangeant du bacille ou des spores à leur nourriture. La contamination peut donc se faire par voie alimentaire, et avec des spores éventuellement vieilles de plusieurs années.

Reste à comprendre plus précisément comment cela se passe dans la nature, et notamment quelle est la signification de ces champs dits « maudits », où ne peuvent paître des animaux sans qu'un bon nombre contracte le charbon. L'intuition d'une solution vint à Pasteur au cours d'une promenade : « La moisson était faite, il ne restait plus que les chaumes. L'attention de Pasteur fut attirée sur une portion du champ à cause de la teinte différente de la terre. Le propriétaire expliqua que, l'année précédente, on avait enfoui en cet endroit des moutons morts du charbon. Pasteur, qui examinait toujours les choses de près, remarqua, à la surface du sol, une multitude de ces petits tortillons de terre que rejettent les vers. L'idée lui vint alors que, dans leurs voyages continuels de la profondeur à la surface, les vers apportaient sur le sol la terre riche en humus qui entoure le cadavre et, avec elle, les spores charbonneuses qu'elle contient... Pasteur ne s'arrêtait jamais aux conceptions. Il passait de suite à l'expérience. Celle-ci justifia les prévisions. La terre contenue dans l'un des vers, inoculée à des cobayes, leur donna le charbon [1]. » Les spores ainsi ramenées à la surface contaminaient les herbes que broutaient les animaux et pouvaient provoquer chez ceux-ci l'apparition du charbon, surtout si leur nourriture comportait des pailles, des chaumes, des barbes d'épis, des chardons, capables de provoquer de petites lésions facilitant la pénétration du germe à travers les muqueuses.

La contagion du charbon paraît donc expliquée. Sur le plan théorique, ce point est important, car nombreux sont ceux qui doutent encore de la théorie des germes de Pasteur. On les appelle les « spontanéistes » car, sans nier que les « virus morbides » puissent se transmettre au sein d'une population, ils pensent qu'initialement, ces virus naissent spontanément dans l'organisme, à la faveur de conditions physiques, physiologiques ou alimentaires anormales. Parfois, les faits semblent leur donner raison. Ainsi, dans le cas du charbon, précisément, le vétérinaire Edmond Nocard, disciple de Pasteur, rapporte en 1881 plusieurs exemples qui, sans sa perspicacité, n'auraient pas manqué d'être pris comme exemples de génération spontanée. Je n'en citerai qu'un, qui n'est pas sans rappeler des faits qui nous concernent directement aujourd'hui. Nocard raconte :

« L'imprudence d'un nouveau fermier plein d'ardeur et d'initiative qui, voulant faire de la grande culture, achète dès sa première année, chose inouïe dans le pays, une grande quantité d'engrais artificiels. Il eut des blés superbes mais l'année suivante, à peine avait-il fait pâturer son troupeau sur les pièces amendées, que le sang-de-rate (le charbon) apparaissait et qu'il perdit, cette année là, près du quart de l'effectif ; depuis la maladie a continué ses ravages [2]. »

L'engrais en question était préparé par une « grande maison » qui traitait tous les cadavres des animaux à cinquante lieues à la ronde et qui apportait peu de soins à les transformer en engrais. Nocard en tire les conclusions sur le rôle probable de l'emploi des engrais artificiels, mal préparés à partir de déchets d'animaux charbonneux, dans la diffusion de la maladie. Ce dernier épisode ne préfigure-t-il pas étrangement le rôle que devaient jouer, un siècle plus tard, les farines animales dans la diffusion de la maladie de la vache folle ?

Les années 1870 sont animées par une querelle entre Pasteur, « chimiâtre » meneur des « contagionistes », et les « spontanéistes », regroupant bon nombre des médecins et vétérinaires de l'époque. Parmi ces derniers se trouve au début Henri Bouley, directeur de l'École vétérinaire d'Alfort, qui à plusieurs reprises défend l'idée d'une génération spontanée des « virus morbides » responsables de plusieurs maladies des animaux. En 1874, le doute commence à le saisir. Lisons cependant ce qu'il écrit à propos de la rage :

« La rage des chiens peut-elle se développer spontanément, et, dans le cas de l'affirmative, la condition principale, sinon exclusive, de son développement se trouve-t-elle dans les ardeurs génitales incessamment excitées par les effluves d'une chienne en rut, et jamais assouvies [3] ? »

Même s'il expose les difficultés que pose une telle théorie, Bouley est loin de la rejeter et, appliquant le principe de précaution avant la lettre, pense que l'on devrait prendre les mesures prophylactiques qui s'imposent :

« Ne pourrait-on pas empêcher, par exemple, les chiennes en rut de divaguer par les rues des villes et d'allumer par leurs effluves tous ces feux dont brûlent leurs poursuivants ? S'il s'en trouve un parmi eux qui soit plus irritable et plus ardent que les autres, n'est-il pas possible que la passion dont il est consumé, que sa rage d'amour ne se transforme en rage véritable ? »

Ou bien encore :

« Cela nous paraît, par exemple, une sage mesure de précaution, de ne pas laisser les chiens mâles au voisinage immédiat de leurs femelles, quand elles sont en chaleur, si un rapprochement plus intime doit leur être interdit, pour une cause ou une autre. »

Cette attribution d'un rôle important au sexe dans la genèse des maladies du système nerveux, déjà observée à propos de la tremblante, s'inscrit dans un courant de pensée qui préfigure les travaux de Sigmund Freud. Dans le cas de la rage, cependant, elle est hors de propos. C'est ce dont François Tabourin, professeur de physique et de chimie à l'École vétérinaire de Lyon, tente de convaincre Bouley :

« Que n'a-t-on pas invoqué, pour expliquer la prétendue naissance spontanée de la rage ! On a fait intervenir, tour à tour, le chaud et le froid, le sec et l'humide, l'hiver ou l'été, le printemps et l'automne, le soleil et la lune, sans oublier les étoiles. Mais la statistique, qui manque d'imagination, a réduit à néant ces prétendues causes d'une prétendue rage spontanée. Quelle autre cause n'a-t-on pas imaginée pour expliquer la naissance de la rage en dehors de l'inoculation ? Ah ! j'allais oublier la plus originale : la muselière ! Oui, Monsieur le Rédacteur, [...] la muselière provoque la naissance de la rage ! [...] Mais le grand cheval de bataille des partisans de la spontanéité de la rage, c'est l'ardeur génésique des chiens, qui n'est pas satisfaite après avoir été fortement excitée [4]. »

Suit la réfutation de cette théorie. Tabourin constate que, d'après les statistiques, un à deux chiens enragés sur mille seulement souffriraient d'une rage prétendument spontanée, parce que contractée sans qu'il y ait eu de facteur de contamination connu. Il s'étonne donc que l'on puisse construire une théorie sur un aussi faible nombre de cas : dans un cas sur mille, la rage serait spontanée, alors qu'elle résulterait de la contagion par un autre chien enragé dans tous les autres cas. Et que dire de ces exceptions ? N'y a-t-il vraiment eu aucun contact avec d'autres chiens ? Et de citer l'exemple de « cette chienne que ses maîtres n'avaient jamais perdue de vue », et que, pour cette raison, l'on disait morte de rage spontanée, « mais que l'on retrouva pleine à l'autopsie », ou de cet autre chien, qui, « sur l'affirmation du domestique préposé à sa garde, a passé, pendant dix ans, pour être mort de rage spontanée, et qu'il a fallu destituer de ce privilège sur une nouvelle et formelle déclaration du domestique qui, n'ayant plus à cacher la vérité, a affirmé que ce chien avait été mordu ».

À l'issue de la longue lettre dont est tiré le texte ci-dessus et dans laquelle Tabourin tire à boulets rouges sur les théories spontanéistes, il fait des propositions relatives à la mise en place d'une nouvelle législation sanitaire destinée à limiter les effets des maladies contagieuses chez les animaux domestiques. Les dispositions qu'il voudrait voir figurer dans la nouvelle loi ont une étrange résonance aujourd'hui :

« Article 1er. - Tout détenteur d'animaux atteints d'une maladie contagieuse est tenu d'en faire la déclaration à l'autorité locale dans le plus bref délai possible. Quiconque négligera de remplir cette obligation perdra ses droits à l'indemnité spécifiée ci-après.
Art.2.- Tous les animaux atteints d'une maladie contagieuse, ainsi que ceux qui ont cohabité avec eux, seront sacrifiés si l'intérêt public l'exige, dès que leur état aura été dûment constaté. Un ou plusieurs vétérinaires, selon la gravité des cas, seront désignés pour visiter et constater l'état des animaux atteints de la maladie contagieuse.
Art.3.- Une indemnité égale aux deux tiers de la valeur vénale des animaux sera accordée au propriétaire des animaux sacrifiés dans un intérêt public. Cette valeur sera déterminée par une commission composée d'un vétérinaire désigné par l'autorité et deux propriétaires choisis par le maire de la commune où a lieu l'estimation.
Art.4.- Les locaux occupés par les animaux malades ou suspects seront méthodiquement désinfectés sous la direction d'un homme de l'art. Ces locaux ne pourront être occupés par de nouveaux animaux qu'au bout de quinze à trente jours, selon le degré de virulence de la maladie contagieuse. »

Quatre ans plus tard, en 1878, Tabourin revient à la charge contre les théories spontanéistes, que Pasteur n'est pas encore parvenu à éradiquer chez les vétérinaires, et il conclut par ces mots : « Du reste, pour nous, contagion et spontanéité sont deux choses inconciliables, et du moment que les maladies de cette nature ont pour base essentielle une sorte de germe qu'on peut semer en quelque sorte par l'inoculation dans un sol convenable à son développement, il répugne à notre esprit d'admettre la naissance d'une maladie spécifique sans l'intervention primitive de sa graine nécessaire ; autant admettre la naissance d'une tige de blé sans le secours d'une semence ; donc pour nous, toute maladie susceptible d'être semée, ne saurait se développer spontanément [5]. » Tabourin exprime ici ce qui est resté le credo des médecins et des vétérinaires jusqu'à nos jours. Pourtant, la tremblante, aujourd'hui, pourrait le remettre en question.

Il est temps de revenir à nos moutons. La traque du Mal va désormais prendre un tour plus scientifique. Pasteur avait montré le chemin, il suffisait de le suivre.

IV

LA TREMBLANTE AU MICROSCOPE

En 1898, trois ans après la mort de Pasteur, un professeur de l'École vétérinaire d'Alfort, Charles Besnoit, apprend qu'une maladie inconnue décime depuis plusieurs années des troupeaux de moutons dans le Tarn. Leur mortalité s'élève à 15 à 20 %. Dans cette région, les moutons sont importants non seulement pour la production de laine ou de viande mais surtout pour le lait, destiné à l'industrie fromagère. Besnoit a tôt fait de reconnaître la tremblante dans cette maladie prétendument inconnue et décide d'en entreprendre l'étude. Il sera le premier à le faire d'une manière véritablement rationnelle. Son principal succès, il l'obtiendra en s'attelant à un problème qui avait tenu en échec tous ses prédécesseurs, celui de la nature des lésions organiques responsables des symptômes.

En effet, devant des symptômes aussi marqués que ceux décrits plus haut, on pouvait s'attendre à trouver des altérations visibles dans certains tissus. Nous l'avons vu, on avait tenté d'expliquer les graves démangeaisons dont souffraient les animaux malades en recherchant des lésions sur la peau, sans succès. Pour comprendre les altérations du comportement, on avait examiné les différentes parties du système nerveux, sans pour autant négliger les autres organes. Sans plus de succès. En témoigne, par exemple, cette conclusion qu'avait tirée J. Girard, directeur de l'École vétérinaire d'Alfort, en 1830 :

« Nous devons l'avouer, nous n'avons distingué nulle altération organique, propre à confirmer le siège présumé de l'affection. La moelle épinière, les nerfs lombaires, ainsi que la gaine rachidienne nous ont presque toujours paru dans un état d'intégrité parfaite [1]. »

Dans un premier temps, lorsque Besnoit entreprend ses travaux, il ne conclut pas autrement :

« À l'autopsie, on ne constate aucune altération macroscopique : le cerveau, la moelle, les nerfs, les muscles semblent sains [2]. »

Aucune altération macroscopique, c'est-à-dire visible à l'œil nu. Or, depuis 1830, époque où Girard travaillait, le microscope avait acquis droit de cité chez les hommes de laboratoire. Pasteur en avait fait son principal instrument de travail, grâce à quoi il avait véritablement découvert à l'Humanité un nouveau monde, celui des organismes microscopiques. Mais d'autres avaient utilisé le microscope à d'autres fins. Ils s'en étaient servis pour examiner des fragments de tissus vivants, d'origine aussi bien animale que végétale. Ils avaient ainsi constaté que ces tissus étaient tous constitués d'un assemblage d'éléments, qui avaient reçu le nom de « cellules ». Les cellules des divers tissus différaient par leur aspect, leur forme, leur taille, mais avaient quelques caractères en commun. Limitées par une enveloppe, une membrane, elles contenaient un noyau et un grand nombre d'éléments plus petits, le tout flottant dans un milieu intracellulaire appelé « cytoplasme ». Contrairement à ses prédécesseurs, Besnoit ne se contente donc pas d'examiner à l'œil nu les organes d'animaux morts de la tremblante, il prend son microscope :

« À l'examen microscopique, on trouve, au contraire, des lésions très nettes du système nerveux ; elles siègent dans la moelle et dans les nerfs périphériques. »

Parmi ces lésions, il décrit la présence de sortes de bulles, appelées « vacuoles », dans certaines des cellules nerveuses de la moelle épinière. Ces vacuoles étaient appelées à devenir la signature de la tremblante, à permettre la distinction, lors de l'autopsie, entre les animaux atteints de tremblante et ceux qui sont atteints d'autres maladies.

Besnoit n'en reste évidemment pas là. Comme tous ses prédécesseurs, il entreprend d'identifier les causes de la maladie. Tout d'abord, il recherche la présence de bactéries dans les tissus affectés, soit par examen direct sous le microscope, soit par ensemencement de divers milieux de culture avec du tissu nerveux ou du sang. Les résultats sont tous négatifs. Il envisage alors systématiquement les différentes hypothèses. Selon lui, la race des moutons pourrait avoir une influence prédisposante, mais non déterminante. La possibilité que la maladie soit transmise par des béliers reproducteurs, à la façon d'une maladie vénérienne, bien que suggérée par plusieurs propriétaires, ne lui paraît pas devoir résister à l'analyse. L'influence de l'alimentation, qu'il avait retenue dans un premier temps, lui paraît rester à prouver. Quant au caractère infectieux de la maladie, il l'examine avec une attention toute particulière. Cependant, en dépit du soin avec lequel il l'examine, il ne parvient pas à confirmer cette hypothèse. Toutes les tentatives de reproduction de la maladie par inoculation à un animal sain de substance cérébrale ou médullaire, ou de sang provenant d'un animal malade échouent. Ainsi, une brebis saine ayant reçu près de deux litres de sang d'une brebis malade arrivée en phase terminale ne présente aucun symptôme de tremblante après neuf mois.

Par ailleurs, ayant fait cohabiter pendant cinq mois plusieurs brebis malades avec deux brebis saines, aucun signe de la maladie n'est détecté chez ces dernières. Besnoit conclut donc qu'« actuellement il est impossible d'affirmer le caractère microbien et infectieux de la tremblante [3] ». Le débat n'est pas clos pour autant. C'est le tour des vétérinaires britanniques de s'en emparer.

L'un d'eux, en particulier, Sir John MacFadyean rapporte des observations d'ordre épidémiologique qui le convainquent du caractère contagieux de la maladie. Dans un article daté de 1918, il raconte l'histoire suivante, relative à l'apparition de la tremblante dans les troupeaux de deux fermiers, Monsieur A. et Monsieur B.

Durant les onze premières années de son activité de fermier, Monsieur A. n'avait jamais eu un cas de tremblante dans son troupeau et pensait qu'il n'y en avait pas eu non plus dans les fermes voisines. À l'automne 1907, Monsieur A. acheta cent quarante jeunes brebis au cours d'une vente aux enchères dans une ville voisine. Elles avaient été élevées par un certain Monsieur X., dans le troupeau duquel il s'avéra ultérieurement que la tremblante sévissait. Les jeunes brebis furent saillies en novembre 1908, en même temps que trente autres jeunes brebis du même âge élevées par Monsieur A. lui-même dans son exploitation. Les premiers symptômes de tremblante apparurent dans le troupeau en février 1909, et durant les six ou sept mois qui suivirent, environ trente brebis moururent de la maladie. Toutes faisaient partie du lot de cent quarante brebis achetées par Monsieur A. en 1907.

Décidé à se débarrasser de la maladie, Monsieur A. vendit alors à la boucherie toutes les brebis survivantes de ce lot ainsi que les agneaux qui en étaient issus. Ainsi, après l'automne 1909, il ne restait plus dans l'exploitation de Monsieur A. aucune des brebis élevées par Monsieur X., ni aucun de leurs agneaux. L'opération parut d'abord réussie, car Monsieur A. n'eut à déplorer aucun nouveau cas de tremblante durant les dix-huit mois qui suivirent. Ce n'était malheureusement qu'un répit. Deux cas apparurent en avril 1911, suivis de plusieurs autres.

Une aventure pratiquement identique arriva à Monsieur B., qui lui aussi avait acheté des brebis élevées par Monsieur X.

Ces faits militaient très fortement en faveur du caractère contagieux de la tremblante. Cependant, si tel était le cas, le temps d'incubation de la maladie devait être exceptionnellement long, de dix-huit mois au moins. Telle était, en effet, la durée de la période écoulée entre l'achat des brebis et les premiers symptômes de la maladie, et également de celle qui s'est écoulée entre l'élimination de toutes les brebis du lot présumé contaminé et l'apparition des premiers symptômes chez les brebis élevées par Monsieur A. lui-même. Cette durée d'incubation de dix-huit mois au moins était à rapprocher du fait, constaté depuis longtemps, que la maladie n'affectait que les animaux âgés de deux ans ou plus.

Quoique convaincu du caractère contagieux de la tremblante, Sir MacFadyean, pas plus que Besnoit ne réussit à transmettre la maladie par inoculation de sang, liquide céphalo-rachidien ou autre substance provenant d'animaux malades. Le fait de ne pouvoir disposer de prélèvement infectieux rendait illusoire la recherche du « microbe » responsable. Cela n'empêchait pas les spéculations d'aller bon train. En témoignent, par exemple, les échanges peu amènes entre Sir MacFadyean et un autre Sir britannique, également spécialiste de la tremblante, Sir MacGowan. Ce dernier pensait que la tremblante pourrait être due à une infection massive des muscles par un parasite, la sarcosporidie. Sir MacFadyean n'en croyait pas un mot et il ne se gêna pas pour le dire.

Alors que nos deux Britanniques se livraient à leur petite querelle relative à la nature du microbe de la tremblante, la Première Guerre mondiale faisait rage en Europe. Deux siècles s'étaient écoulés depuis l'époque de Louis XV, où l'existence du Mal avait été reconnue chez des moutons anglais. De ce Mal, qu'avait-on appris durant cette longue période ?

On avait surtout appris à le reconnaître, du moins chez le mouton, en dépit des déguisements divers qu'il pouvait endosser. L'ensemble des symptômes, associant de vives démangeaisons à diverses manifestations neurologiques, faisait ce que les médecins appellent « un tableau clinique caractéristique ». Grâce aux travaux de Besnoit, le diagnostic pouvait être confirmé à l'autopsie par la présence de lésions très particulières dans certaines cellules nerveuses, notamment dans la moelle épinière. En revanche, pour ce qui concernait les causes de cette maladie (son étiologie) le mystère restait à peu près complet. De nombreux faits suggéraient qu'il s'agissait d'une maladie contagieuse, mais des faits presque aussi nombreux allaient contre cette hypothèse. Ainsi, la plupart des tentatives visant à contaminer volontairement des animaux sains par cohabitation avec des animaux malades avaient échoué. À cela s'ajoutait l'insuccès total des essais d'inoculation de la tremblante avec des fluides ou broyats provenant d'animaux malades et l'impossibilité de mettre en évidence le moindre agent infectieux dans les tissus affectés, soit par examen au microscope, soit par inoculation dans des milieux de culture. Enfin, s'il s'agissait d'une maladie contagieuse, sa durée d'incubation, de dix-huit mois à deux ans au minimum, dépassait de beaucoup les durées de quelques jours à quelques semaines observées pour les maladies contagieuses classiques. Pour toutes ces raisons, le doute restait permis quant au caractère contagieux de la maladie.

En particulier, la possibilité que la maladie ait au moins en partie une origine génétique ne pouvait être écartée, d'autant plus qu'une influence de la race avait été observée par de nombreux éleveurs. Certains fermiers exprimaient l'idée que la tremblante puisse être à la fois héréditaire et contagieuse. Cependant, toutes les discussions de l'époque sur l'hérédité étaient marquées d'une grande confusion. La science de l'hérédité, la génétique, ne faisait que commencer.

Le père de la génétique, Gregor Mendel, avait été un contemporain de Pasteur – il est né la même année –, mais ses travaux étaient restés ignorés jusqu'au tournant du siècle. Depuis toujours, l'homme a pu constater que les êtres vivants donnaient naissance à des êtres semblables à eux. Pourtant, jusqu'à Mendel, les mécanismes sous-tendant cette permanence des espèces sont restés totalement incompris. Nul ne comprenait comment s'accomplissait la transmission des caractères d'une génération à l'autre. Le génie de Mendel consista à s'intéresser à un petit nombre de caractères facilement reconnaissables, à croiser des parents différant par ces caractères, et à étudier la descendance. Comme matériel expérimental, il choisit le pois et s'intéressa à des caractères comme la couleur ou la forme des grains. De l'analyse de la distribution de ces caractères chez les descendants de première et deuxième génération, il tira la conclusion que l'hérédité de ces caractères était portée par des éléments physiques, auxquels sera donné ultérieurement (en 1909) le nom de « gènes ». Ils devaient être en double exemplaire dans toutes les cellules d'un organisme, sauf dans les cellules germinales, spermatozoïdes ou ovules, où ils devaient être présents en un seul exemplaire.

Au début du XXe siècle, un parallèle fut établi entre ces gènes, qui n'étaient alors que des êtres de raison, des éléments dont l'existence avait été postulée par Mendel, et de petites structures découvertes dans le noyau des cellules, les chromosomes. Avant qu'une cellule ne se divise, tous les chromosomes du noyau se dédoublent, puis les chromosomes « jumeaux » ainsi formés se séparent, chacun des jumeaux se retrouvant ensuite dans l'une des cellules filles résultant de la division. Chacune des cellules filles se retrouve donc en possession d'un exemplaire de chacun des chromosomes. Même si on ne savait rien alors des mécanismes permettant le dédoublement, la séparation et la ségrégation dans les cellules filles des chromosomes, il était tentant de postuler que ceux-ci portaient les gènes. En effet, s'ils devaient être transmis des parents à leurs enfants pour assurer la transmission des caractères, ils devaient également l'être d'une cellule à ses descendantes, afin que les caractères transmis à l'œuf fécondé se retrouvent dans toutes les cellules issues de celui-ci. Cela a conduit à la théorie chromosomique de l'hérédité, assimilant les chromosomes à des colliers de perles, chaque perle étant un gène responsable d'une caractéristique particulière de l'individu.

La génétique était appelée à intervenir de façon majeure dans la traque du Mal. Cependant, pour l'heure, elle n'était qu'une science en émergence, pour ainsi dire inconnue du grand public, et d'une diffusion encore limitée même dans le monde scientifique. Les vétérinaires, quant à eux, ne pouvaient manquer de suivre cette nouvelle science avec un très grand intérêt. Elle éclairait d'un jour nouveau tous les aspects de leur profession. C'est donc en spécialiste éclairé que l'un d'eux, Sir Stewart Stockman, répondait, en 1913, à ceux qui prétendaient que la tremblante pourrait être à la fois héréditaire et contagieuse :

« Je voudrais faire remarquer qu'aucune maladie n'est connue qui soit à la fois héréditaire et contagieuse ; cependant, le grand public peut s'y tromper, car il ne fait pas toujours la différence entre transmission héréditaire et infection congénitale [4]. »

Sir Stewart ne s'exprimerait peut-être plus de la même manière aujourd'hui, mais dans le contexte de l'époque, il avait parfaitement raison. Une maladie pouvait être héréditaire, résultant d'un défaut dans un gène, ou contagieuse, c'est-à-dire due à un microbe, mais ne pouvait être les deux à la fois. Il avait également raison de penser que le grand public ne faisait pas nécessairement la différence entre une véritable transmission héréditaire et une infection congénitale. Rappelons, en effet, qu'à l'époque, beaucoup pensaient encore que la tuberculose pouvait être héréditaire, alors que les enfants étaient contaminés par les parents après leur naissance.

Alors que la Grande Guerre fait rage, il est temps de laisser provisoirement les vétérinaires français et britanniques à leurs travaux pour examiner ce qui se passe dans l'autre camp, en Allemagne prussienne. Là aussi le Mal rôde, mais les moutons ne sont plus les seuls concernés.

V

CREUTZFELDT, JAKOB, ET LES AUTRES

Étrange destin posthume que celui de Hans Gerhard Creutzfeldt. Mort à peu près inconnu en 1964, son nom allait devenir célèbre dans le monde entier une vingtaine d'années plus tard... Aujourd'hui, certains se demandent si cette notoriété est bien justifiée ! Il la doit en tout cas à un obscur travail publié en allemand, en 1920, dans une revue de neurologie et de psychiatrie.

Creutzfeldt était un être d'exception, un penseur original doté d'un esprit indépendant, un homme dont la brusquerie apparente cachait une grande bonté et une profonde humilité. « Le savoir vous rend arrogant, mais l'éducation vous rend humble. » Cette phrase, prononcée lors du discours d'inauguration de la nouvelle université de Kiel, révèle beaucoup de sa personnalité. Durant la Seconde Guerre mondiale, Creutzfeldt s'oppose comme il le peut au régime nazi. La clinique qu'il dirige à Kiel sert de refuge à de nombreuses personnes refusant de se plier aux lois raciales de Hitler. Après la guerre, il révèle l'action particulièrement révoltante d'un de ses collègues, nommé Heyde, qui a joué un rôle de premier plan dans l'application des programmes nazis d'euthanasie contre les malades mentaux jugés incurables. Sous le nom de Sawade, Heyde avait retrouvé une chaire de psychiatrie à Kiel et se trouvait souvent sollicité comme expert auprès des tribunaux.

Né en 1885, Creutzfeldt obtient son doctorat en médecine à Kiel puis, ayant le goût de l'aventure, part comme médecin de la Marine dans l'Océan pacifique. À son retour, il acquiert une formation en neuropathologie à Breslau (aujourd'hui Wroclaw, en Pologne), Munich et Berlin. C'est à Breslau, dans le service dirigé par le célèbre Alois Alzheimer, qu'il examine une jeune femme nommée Berta E. Il rapporte ses observations dans l'article qui devait faire sa gloire posthume et qui s'intitule « À propos d'une singulière atteinte du système nerveux central, avec formation de foyers de dégénérescence [1] ».

Âgée de vingt-trois ans, Berta E. arrive à la clinique de l'Université de Breslau le 20 juin 1913. Avant son arrivée, elle avait éprouvé des difficultés à marcher normalement et montré des changements notables de comportement. Elle refusait de se nourrir, de se laver, elle se négligeait. Elle était tombée en se levant de son lit, sans pour autant avoir perdu connaissance. À un autre moment, elle s'était mise brusquement à crier qu'une sœur du couvent où elle résidait était morte, par sa faute. Elle se croyait possédée par le démon. Dans la nuit précédant son arrivée, elle était très énervée, parlait beaucoup, riait, chantait. Peu après son hospitalisation, elle se retrouva dans l'incapacité de marcher seule. Elle avait des tremblements des muscles du visage, des mouvements brusques et incontrôlés des bras. Elle tenait des propos incohérents et présentait une désorientation spatiale et temporelle. Sa compréhension se ralentissait. Elle faisait soudainement des grimaces, était prise de crises de rire non motivées et mécaniques. Elle était à la fois apathique et hyperexcitable. À partir de la mi-juillet son état se détériora rapidement. La paralysie la gagna. Elle ne reconnaissait plus les personnes de son entourage. Début août, elle fut victime de crises de type épileptique. Son regard devint fixe et sans expression. Elle mourut le 11 août. Lors de l'autopsie, on remarqua des lésions d'un type inhabituel au cerveau. Elles se présentaient comme des foyers de dégénérescence avec disparition de neurones dans la quasi-totalité de la substance grise. Pour Creutzfeldt, il s'agissait d'une maladie neurologique qui n'avait encore jamais été décrite.

Par la suite, il ne publia rien d'autre sur le sujet. Son article avait donc toutes les chances de tomber aux oubliettes. S'il n'en fut pas ainsi, ce fut grâce à un autre neurologue allemand, travaillant à Hambourg, Alfons Maria Jakob.

Né en 1884, Jakob est le fils d'un petit commerçant. On raconte que, lorsqu'il était enfant et qu'il tenait la boutique en l'absence de ses parents, il avait tendance à augmenter les prix pour accroître les bénéfices. Il fait ses études de médecine à Munich, Berlin et Strasbourg, qui était alors sous domination allemande. Une fois docteur en médecine, en 1909, il se spécialise en neuropsychiatrie et bénéficie, comme Creutzfeldt, des avis éclairés de Alois Alzheimer. Il s'installe à Hambourg en 1911, où va se dérouler toute sa carrière, sauf lorsqu'il sert dans l'armée allemande, durant la Première Guerre mondiale. Nommé professeur de neurologie en 1924, c'est un enseignant respecté et un chercheur de réputation internationale. Non pas à cause de ses travaux sur ce qui devait devenir la maladie de Creutzfeldt-Jakob, mais sur d'autres maladies neurologiques telles que la neurosyphilis, la sclérose en plaques et l'ataxie de Friedreich.

Dans trois articles publiés en 1921 et 1923, Jakob décrit les cas de deux hommes et trois femmes, agés de trente-quatre à cinquante et un ans, atteints d'altération progressive des fonctions motrices, de la parole et des émotions, avec modification de la personnalité et perte de mémoire ; tous finissent par devenir incapables de se déplacer, de se tenir debout et de parler. Leurs facultés intellectuelles s'altèrent profondément (état de démence) et, devenus grabataires, ils finissent par mourir, entre quelques semaines et un an après le début des symptômes les plus graves.

Le titre général des trois articles de Jakob est « Sur une maladie singulière du système nerveux central, avec des observations inhabituelles au plan anatomique [2] ».

L'un des cas décrits dans ces articles, particulièrement émouvant, est celui d'un soldat de quarante-deux ans, en poste en Roumanie, sur les rives de la mer Noire. Ce soldat écrit régulièrement à sa femme, restée en Allemagne. À partir de mai 1918, il commence à se plaindre de malaises divers, tels que vertiges et faiblesses. À partir de la fin du mois d'août, sa femme note que son écriture s'altère. L'évolution de sa maladie peut être suivie à la simple lecture de ses lettres. Par leur contenu d'abord, parce qu'il y décrit ses symptômes et que l'on sent transparaître à travers le texte sa perte progressive de la raison. Ensuite au vu de son écriture : celle-ci se détériore en effet rapidement, au point de devenir illisible à partir du mois d'octobre. Le soldat est rapatrié en Allemagne au début du mois de décembre, il est hospitalisé à Munich où il est pris en charge par Jakob. Son état s'aggrave progressivement et il meurt au début du mois de mars.

Jakob note lui-même la ressemblance entre les cas qu'il décrit et celui de Berta E., décrit par Creutzfeldt. Aussi n'est-il pas surprenant que, dès 1922, un autre neurologue allemand, W. Spielmeyer, dans le service duquel Creutzfeldt avait d'ailleurs terminé son travail sur le cas de Berta E., fasse référence à la « maladie de Creutzfeldt-Jakob » :

« La maladie singulière, avec foyers de dégénérescence, touchant le cortex cérébral, entraînant spasmes, hyperalgies, et troubles psychiques, décrite par Creutzfeldt, n'est pas restée isolée. A. Jakob, à travers des données soigneusement analysées, a trouvé de nombreux cas à y ajouter. Nous pouvons donc espérer que cette maladie de Creutzfeldt-Jakob (pseudo-sclérose spastique de Jakob) se laissera bien définir, sur les plans clinique et anatomique [3]. »

Cet espoir de Spielmeyer devait mettre bien des années à prendre corps. En témoigne, notamment, une lettre envoyée en 1998 à la revue *Nature*, selon laquelle le cas décrit par Creutzfeldt n'aurait pas correspondu à un cas authentique de maladie de Creutzfeldt-Jakob ! Creutzfeldt lui-même aurait reconnu après la Seconde Guerre mondiale, que « son cas ne présentait aucune ressemblance avec ceux décrits par Jakob [4] ». Bien plus, selon cette lettre, il semblerait que seulement deux des cinq cas décrits par Jakob aient réellement été des cas de maladie de Creutzfeldt-Jakob au sens où nous l'entendons aujourd'hui. Ces commentaires illustrent l'extrême confusion qui a régné pendant de nombreuses années au sujet de l'identification de la maladie. La même confusion que celle qui a prévalu pendant au moins deux siècles au sujet de la tremblante chez le mouton.

Toujours ces déguisements du Mal, car c'est bien de lui dont il s'agit, quoique ni Creutzfeldt ni Jakob n'en aient conscience.

Pendant une quarantaine d'années, les travaux de Creutzfeldt et Jakob restent pratiquement sans suite. Tout au plus peut-on noter la description de quatre cas supplémentaires, en 1924 et 1930, par des collaborateurs de Jakob, lequel devait décéder prématurément en 1931. Parmi ces quatre nouveaux cas se trouve celui d'un homme, P. Backer, dont la sœur semble avoir été victime de la même maladie. La possibilité qu'il s'agisse d'une maladie génétique est évoquée. Cette hypothèse est reprise en 1950 par le groupe qui a succédé à celui de Jakob à l'Université de Hambourg. En effet, il s'est avéré que non seulement la sœur, mais plusieurs autres membres de la famille de P. Backer étaient morts de la même maladie. Dans l'hypothèse où la maladie serait d'origine génétique, la mutation responsable serait « dominante ». Pour comprendre ce que cela signifie, il nous faut revenir brièvement sur les travaux de Mendel.

Selon lui, les différents caractères d'un organisme, plante ou animal, sont déterminés par des éléments, désormais appelés « gènes » et présents en double exemplaire dans chaque cellule de l'organisme, sauf dans les cellules germinales. Lors de leur formation, celles-ci ne recueillent qu'un seul exemplaire de chaque gène. Au cours de la fécondation d'une cellule germinale femelle par une cellule germinale mâle, un œuf est formé, qui possède à nouveau deux exemplaires de chaque gène, l'un provenant du père, et l'autre de la mère. En principe, les deux exemplaires du gène contribuent à l'expression du caractère. Par exemple, s'il s'agit de la couleur d'un grain de pois, les deux exemplaires d'un gène vont contribuer à la formation du pigment responsable de cette couleur. Cependant, il se peut que l'un des exemplaires de ce gène soit porteur d'une « mutation » qui le rende incapable de participer à la formation du pigment. Lorsque l'autre exemplaire du gène permet à lui seul la formation de quantités à peu près normales de pigment, cet exemplaire du gène – les généticiens parlent alors d'« allèle » – est dit « dominant ». Cela signifie qu'en sa présence, la mutation de l'autre exemplaire du gène passe inaperçue. Par opposition, cet autre exemplaire est dit « récessif ».

La présence d'un allèle récessif, porteur d'une mutation que l'on qualifie également de « récessive », ne peut donc pas être détectée lorsqu'un allèle dominant est présent dans le même organisme. En revanche, si les deux exemplaires du gène portent la mutation, l'effet s'en fera sentir. C'est ce qui se produit, notamment, lorsqu'on croise deux organismes apparemment normaux, mais portant tous les deux à la fois un exemplaire normal « dominant » et un exemplaire altéré « récessif » du gène considéré. Dans ces organismes, la moitié des cellules germinales portent l'allèle dominant et la moitié l'allèle récessif. Lors du croisement, chaque fois qu'une cellule germinale mâle portant l'allèle récessif féconde une cellule germinale femelle porteuse du même allèle récessif, l'œuf résultant portera deux copies de l'allèle récessif. Si on reprend l'exemple d'un gène impliqué dans la formation d'un pigment, cet œuf donnera naissance à un organisme dépourvu du pigment, et donc de couleur. Dans un tel croisement, on peut aisément calculer qu'un quart des descendants héritent de deux allèles récessifs, et sont donc dépourvus de couleur, alors que tous les autres sont colorés, soit parce qu'ils ont hérité de deux allèles dominants (un quart), soit parce que, comme leurs parents, ils disposent d'un allèle dominant et d'un allèle récessif (la moitié). En fait, c'est en faisant ce raisonnement à rebours que Mendel, à partir d'une analyse des divers caractères manifestés par les produits de croisements de ce type, en est arrivé à postuler l'existence des gènes.

Revenons à la famille Backer. Dire que la maladie qui la touchait était d'origine génétique, c'était dire qu'elle résultait d'une mutation dans un gène. Si cette mutation était dominante, cela signifiait que sa présence sur un seul des deux exemplaires du gène suffisait à entraîner la maladie. Dès lors, tout enfant d'une personne atteinte, ayant une chance sur deux d'hériter de l'allèle altéré du gène, en avait une sur deux d'être atteint par la maladie. La dominance suggérait que l'altération du gène impliqué ne correspondait pas seulement à une perte de fonction, mais à l'apparition d'une nouvelle fonction, cause de la maladie.

Alors que les articles de Creutzfeldt et Jakob commençaient à se couvrir de poussière sur les rayons des bibliothèques, d'autres neurologues faisaient des observations intéressantes dans un hôpital psychiatrique de Vienne, en Autriche. En 1928, Josef Gerstmann y avait décrit le cas d'une jeune femme de vingt-cinq ans présentant les symptômes de ce qui paraissait être une affection inhabituelle du cervelet. Il avait observé un étrange phénomène réflexe chez cette patiente : lorsqu'elle avait les bras tendus devant elle, le fait de tourner la tête lui faisait automatiquement croiser les bras, le bras opposé à celui du côté vers lequel la tête était tournée étant placé au-dessus de l'autre. En 1936, Josef Gerstmann, Ernst Sträussler et I. Scheinker décrivent ce cas en détail, avec sept autres provenant de la même famille. Certains des symptômes évoquent ceux observés par Creutzfeldt et Jakob, mais leurs travaux ne sont pas mentionnés par les auteurs. D'autres symptômes sont toutefois clairement différents, comme le sont les lésions observées dans les tissus nerveux. Parmi ces dernières, les auteurs décrivent l'existence dans le cerveau d'amas de matériel, sous forme de plaques qui leur rappellent des formations similaires trouvées dans le cerveau de personnes décédées de la maladie d'Alzheimer. Les auteurs concluent qu'ils sont en présence d'une nouvelle maladie du système nerveux central, à caractère vraisemblablement héréditaire.

Pourtant, il ne s'agissait là que d'un nouveau travestissement du Mal.

Ce Mal, que Creutzfeldt, Jakob et les autres avaient détecté chez l'homme sans le reconnaître, commençait à être traqué de près chez le mouton. Les quarante ou cinquante années durant lesquelles les médecins laissèrent dormir les observations de Creutzfeldt et Jakob ne devaient pas être perdues pour les vétérinaires. Revenons donc en France, en 1936, année où arrive au pouvoir le Front populaire.

VI

LA TREMBLANTE EST INOCULABLE

Le 28 décembre de cette année 1936, les vétérinaires français Jean Cuillé et Paul-Louis Chelle présentent à l'Académie des sciences une note intitulée « La maladie dite tremblante du mouton est-elle inoculable ? ». Ils y rapportent avoir inoculé par des voies diverses à neuf moutons ou brebis de la substance cérébrale ou médullaire provenant de plusieurs animaux arrivés aux dernières périodes de la tremblante. Sept de ces animaux décèdent ou sont sacrifiés dans les neuf mois qui suivent l'inoculation, pour des raisons indépendantes de la volonté des expérimentateurs, sans présenter de signe de tremblante. En dépit de ce début peu encourageant, Cuillé et Chelle continuent à observer les deux brebis survivantes. Ils seront récompensés de leur persévérance, car ils vont réussir là où tous leurs prédécesseurs avaient échoué :

« La brebis n° 1, âgée de deux ans et demi, originaire d'un troupeau de la région de Narbonne indemne de la maladie, vit dans la bergerie de l'École depuis un an et demi. Elle est inoculée le 9 juillet 1934 par voie intra-oculaire avec 3 cm^3

d'une émulsion de moelle lombaire finement broyée au mortier, avec une faible quantité de sérum physiologique stérile.
L'état général reste satisfaisant jusqu'à la dernière moitié de septembre 1935. À ce moment, c'est-à-dire quatorze mois et demi après l'inoculation, l'animal devient inquiet, il marche la tête haute, l'air effrayé. Au bout d'une quinzaine de jours, au début d'octobre, des troubles locomoteurs apparaissent, accompagnés de tremblement à allure sénile de la tête et du cou.
À la date du 15 octobre, les symptômes sont tout à fait caractéristiques de la tremblante : incoordination marquée du train postérieur ; flexion exagérée des membres antérieurs (mouvement de stepper) ; aux allures rapides, dissociation des mouvements du train antérieur et du train postérieur (trotte du devant, galope du derrière) ; exagération des mouvements de la tête et du cou ; grincement des dents [...].
L'animal, arrivé aux derniers stades de la maladie, est sacrifié le 30 octobre 1935, soit près de seize mois après l'inoculation et un mois et demi après la constatation des premiers symptômes caractéristiques [1]. »

La brebis n° 2, inoculée comme la précédente, montre les premiers symptômes de la maladie vingt-deux mois après l'inoculation et meurt deux mois plus tard, soit environ deux ans après l'inoculation.

De cette expérimentation, les auteurs tirent les conclusions suivantes : la tremblante du mouton est une maladie infectieuse et inoculable ; le virus existe dans les centres nerveux (moelle et cerveau) ; la période d'incubation est longue (quatorze et vingt-deux mois).

Ces conclusions ne sont pas accueillies sans un certain scepticisme, surtout de la part de trois autres vétérinaires français, Bertrand, Carré et Lucam, qui viennent eux-mêmes d'échouer à transmettre la maladie. En effet, dans un article daté de septembre 1937, ils décrivent une série de cinq expériences dans lesquelles ils ont inoculé par voie intracérébrale à des animaux sains de la substance nerveuse provenant d'animaux malades. Dans aucun des cas, les animaux inoculés ne développent la tremblante. De cela, ils concluent que, contrairement à ce que prétendent Cuillé et Chelle, « la tremblante n'est pas transmissible expérimentalement chez le mouton [...] par inoculation de produit provenant des animaux malades [2] ». Pourtant, si l'on y regarde de près, la contradiction entre les résultats expérimentaux n'est pas aussi grande qu'il pourrait paraître. En effet, dans quatre des expériences rapportées par Bertrand, Carré et Lucam, les animaux inoculés ne sont suivis que pendant trois mois au maximum. On est loin des quatorze ou vingt-deux mois qu'a nécessités l'apparition de la maladie chez les brebis inoculées par Cuillé et Chelle. Une seule expérience paraît contredire les résultats observés par ces derniers : l'une des brebis inoculées par Bertrand, Carré et Lucam a été maintenue en observation pendant vingt-trois mois, sans présenter le moindre symptôme de tremblante. Mais même dans ce cas, peut-être qu'une durée d'observation un peu plus longue aurait permis de voir apparaître les premiers symptômes de la maladie.

Le manque de patience a probablement été la cause de bon nombre des échecs qu'ont rencontrés les prédécesseurs de Cuillé et Chelle dans la transmission de la maladie. Cependant, d'autres raisons peuvent également être invoquées. C'est le cas, par exemple, pour les nombreuses expériences, toutes négatives, mises en œuvre par Sir John MacFadyean. Ce vétérinaire britannique, nous l'avons vu, avait été l'un des premiers à apporter des arguments convaincants en faveur du caractère contagieux de la tremblante. De plus, ses observations indiquaient que, si la tremblante était contagieuse, la durée d'incubation de la maladie devait être d'au moins dix-huit mois. Aussi, dans la série de seize expériences qu'il rapporta en 1918, avait-il pris la précaution d'observer les animaux inoculés pendant deux ans à deux ans et demi. Rétrospectivement, ses échecs à transmettre la maladie furent dus, semble-t-il, au fait qu'au lieu d'inoculer des broyats de matière nerveuse, il inoculait du sang ou d'autres substances au pouvoir infectieux beaucoup moindre, sinon nul. Il aurait pu éviter de faire fausse route si, comme l'avaient sans doute fait Cuillé et Chelle, il avait étudié de plus près les travaux de Pasteur sur la rage. En effet, celui-ci, dès lors qu'il avait compris que le virus rabique se développait dans le système nerveux, utilisa des broyats de moelle et de cerveau pour transmettre la maladie. Faut-il attribuer l'erreur de MacFadyean au fait qu'il était britannique alors que Pasteur et Besnoit étaient français et publiaient en français ?

Quoi qu'il en soit, Cuillé et Chelle se devaient de confirmer leurs résultats préliminaires, ce qu'ils firent dès janvier 1938 en rapportant la transmission réussie à trois autres animaux, un bélier et deux brebis, avec des durées d'incubation de onze, douze, et dix-neuf mois et demi. Le matériel utilisé pour l'inoculation des deux brebis était une émulsion de moelle provenant de l'une des brebis auxquelles la tremblante avait été transmise par inoculation lors de la première expérience, alors que le matériel utilisé pour inoculer le bélier provenait d'un animal atteint de tremblante spontanée. Trois autres animaux inoculés dans cette même expérience étaient par contre toujours indemnes de tremblante après vingt-six mois d'incubation. L'infection ne se produisait donc pas systématiquement ou bien pouvait demander des durées d'incubation encore plus longues.

Les résultats de Cuillé et Chelle ne pouvaient plus raisonnablement être mis en doute : la tremblante pouvait être transmise expérimentalement et devait être considérée comme une maladie infectieuse. Restait à identifier l'agent responsable, le « microbe » de la tremblante. Comme Pasteur dans le cas de la rage, Cuillé et Chelle étaient confrontés à un microbe invisible. S'agissait-il d'un de ces « virus filtrables » dont l'existence avait récemment été reconnue ? Les deux vétérinaires répondirent par l'affirmative en réussissant à transmettre la tremblante à deux agneaux par inoculation d'un filtrat obtenu à partir d'un broyat de moelle lombaire provenant d'une brebis malade.

Cuillé et Chelle obtinrent encore un résultat d'importance en parvenant à transmettre la tremblante à une chèvre et un bouc. La durée d'incubation fut seulement un peu plus longue (vingt-cinq et vingt-six mois) que chez les moutons. C'était la première fois que la tremblante était décrite chez des caprins, mais Chelle décrivit quelques années plus tard un cas de transmission naturelle chez une chèvre élevée au milieu d'un troupeau de moutons où la maladie était présente depuis plusieurs années.

Si Cuillé et Chelle étaient parvenus à transmettre la tremblante du mouton à la chèvre, ils n'eurent pas le même succès, en revanche, dans leurs essais de transmission au lapin. Des essais de transmission chez cet animal, mais aussi chez le cobaye et la souris blanche furent également tentés, sans succès, par Bertrand, Carré et Lucam. Ces échecs furent sans doute l'une des causes principales de l'étonnant silence qui suivit les découvertes majeures que nous venons de rapporter. Tout était prêt, en effet, pour que l'on tentât de purifier le virus de la tremblante à partir du filtrat d'émulsions de moelle provenant d'animaux malades. Cependant, pour se lancer dans une telle aventure, il fallait à la fois des moyens importants et une patience extrême. Le dosage du pouvoir infectieux des différentes fractions provenant des essais de purification aurait en effet nécessité des inoculations à un grand nombre de moutons, les résultats n'étant connus qu'un à deux ans plus tard ! Cuillé et Chelle auraient peut-être eu la patience nécessaire, mais leurs travaux prirent fin avec le départ à la retraite du premier et la mort du second. Aussi la recherche de l'agent de la tremblante ne devait-elle guère progresser pendant les vingt ans qui suivirent.

Les travaux de Cuillé et de Chelle n'en représentaient pas moins une avancée considérable dans la traque du Mal. C'est alors que, comme s'il avait perçu le danger, ce dernier a contre-attaqué. L'offensive eut lieu en Écosse, au moment précis où les vétérinaires français inoculaient leurs brebis.

Un vétérinaire britannique du nom de Gordon s'intéressait alors à une autre maladie du mouton, parfois confondue avec la tremblante, portant le nom de *louping-ill* [3]. Depuis le début des années 1930, on savait que cette maladie était due à un virus filtrable, se développant dans le système nerveux central des animaux et transmis par les tiques. Désireux d'enrayer la progression de cette maladie, qui causait d'importants dommages aux moutons écossais, Gordon entreprit de préparer un vaccin. Dans ce dessein, il suivit la même démarche que Pasteur pour la rage. Il injecta le virus à des moutons par voie intracérébrale, laissa le virus se multiplier pendant cinq jours, puis sacrifia les animaux et préleva leur cerveau et leur moelle épinière qui contenaient une grande quantité de virus. La substance nerveuse fut alors mise en suspension et traitée avec une solution de formol, un produit connu pour inactiver tous les virus. Les virus ainsi inactivés perdent leur caractère infectieux mais pas leur capacité de provoquer une réaction de défense chez l'animal. Cette réaction de défense, gardée en mémoire par l'animal, le protège contre une infection ultérieure par le virus actif : l'animal est vacciné. Les suspensions contenant le virus inactivé par le formol se révélèrent constituer un excellent vaccin contre le *louping-ill*. Ce nouveau vaccin fit l'objet de nombreux essais sur le terrain entre 1931 et 1934. Considéré comme efficace et sans danger, il fut alors préparé à grande échelle pour un usage général. Trois stocks furent constitués à partir de 140, 114 et 44 moutons, aboutissant à la fabrication, respectivement, de 22270, 18 000 et 4360 doses de vaccin. Les vaccinations furent effectuées durant l'année 1935 et aucune complication ne fut rapportée dans un premier temps.

Malheureusement, en septembre 1937, deux ans et demi après la vaccination, deux propriétaires se plaignirent que la tremblante était apparue dans leur troupeau de moutons *Blackface*, race sur laquelle cette maladie n'avait jamais été observée. Bien plus, la maladie ne frappait que les animaux qui avaient été vaccinés contre le *louping-ill* en 1935. Une étude épidémiologique approfondie permit alors de confirmer que la tremblante avait été transmise par le vaccin, mais que seul le stock numéro deux était à incriminer. Lorsque l'origine des cent quatorze animaux ayant permis de préparer ce stock fut retrouvée, il apparut que, si la majorité d'entre eux était de races *Blackface* ou *Greyface*, jusqu'alors exemptes de tremblante, huit d'entre eux, des agneaux, étaient de la race *Cheviot*, connue pour être sensible à la maladie. Ces agneaux, quoique en parfaite santé, avaient été en contact avec des brebis qui furent ultérieurement atteintes de tremblante. La présomption était donc forte qu'un ou plusieurs de ces huit agneaux avaient été porteurs de l'agent de la tremblante, sans manifester encore les symptômes de la maladie, des « porteurs sains ». L'agent infectieux présent dans la substance nerveuse d'un ou plusieurs de ces animaux avait vraisemblablement contaminé l'ensemble du stock numéro deux. Le taux global de contamination ne put être établi, car la majorité des animaux vaccinés était des brebis adultes, envoyées à la boucherie avant que la maladie ait eu le temps de se déclarer. Dans le petit nombre d'exploitations où ce taux a pu être évalué, il était en moyenne de 5 % avec une variation allant de 1 à 35 %.

C'est alors que Gordon prit connaissance des travaux de Cuillé et de Chelle en lisant le seul article qu'ils aient publié en anglais, en 1939. Il fit cette remarque :

« Ce fut une curieuse coïncidence qu'au moment où ils effectuaient leurs expériences de transmission, leur travail était confirmé par le caractère infectieux accidentel d'un vaccin préparé sur animal et traité au formol [4]. »

Échaudés par cet accident, qui aurait pu avoir des conséquences catastrophiques sur l'élevage des ovins en Grande-Bretagne si la contamination n'avait été détectée rapidement, Gordon et les vétérinaires britanniques décident de s'attaquer à nouveau au problème de la tremblante. Il s'agit avant tout d'identifier ce mystérieux agent infectieux, afin, si possible, de préparer un vaccin contre lui. Ne reculant pas devant la dépense, ils y mettent les moyens : sept cent quatre-vingt-huit moutons sont mobilisés pour les expériences. Malheureusement, les résultats ne seront pas à la mesure de la dépense. Les deux enseignements principaux que l'on put en tirer, outre la confirmation des travaux de Cuillé et de Chelle, furent que l'on pouvait obtenir des durées d'incubation plus courtes par inoculation intracérébrale (parfois aussi courtes que sept mois), et surtout que, comme l'avait indiqué l'accident vaccinal, l'agent infectieux résistait au formol. Ce dernier point était d'une extrême importance, car aucun virus connu n'avait une telle propriété.

Pendant quelques années, les recherches sur la tremblante paraissent marquer le pas. La survenue de la Seconde Guerre mondiale ne fut peut-être pas étrangère à cet état de fait. La tremblante, problème vétérinaire de seconde importance, n'était sans doute pas au premier plan des préoccupations.

VII

LA CHÈVRE ET LA SOURIS AUSSI

Au début des années 1950, la situation changea. En effet, la tremblante était apparue au Canada, aux États-Unis et en Australie, suite à l'importation de moutons provenant de Grande-Bretagne. Ces pays, ainsi que la Nouvelle-Zélande, avaient alors mis un embargo sur ces moutons à moins qu'ils ne puissent être garantis indemnes de tremblante. Dès lors, découvrir l'origine de la tremblante redevint un enjeu économique. Motivés et financés, les vétérinaires britanniques reprirent des expériences à grande échelle dans deux centres importants, à Compton en Angleterre et à l'Institut Moredun en Écosse. Sans parvenir à identifier le mystérieux virus de la tremblante, ils accumulèrent cependant de nombreux résultats de grande portée. J'en citerai trois.

Le premier concerne la distribution de l'agent infectieux dans les différents organes de l'animal malade. On savait que le cerveau et la moelle en contenaient, mais qu'en était-il des autres organes ? Pour le savoir, il fallait préparer des broyats des différents organes d'animaux malades et voir si ceux-ci pouvaient transmettre la tremblante à des animaux sains. Iain Pattison et G.C. Millson, deux des vétérinaires anglais, choisirent d'utiliser la chèvre pour ces expériences. En effet, celle-ci s'était révélée beaucoup plus sensible que le mouton à l'inoculation de la tremblante, le succès de la transmission de chèvre à chèvre étant généralement de 100 % alors qu'il n'était que de l'ordre de 25 % chez le mouton. Selon leurs expériences, l'agent infectieux était présent en grande quantité dans le cerveau et dans l'hypophyse, une glande très proche du cerveau, en quantité un peu moins grande dans le liquide céphalo-rachidien, le nerf sciatique, les glandes surrénales et les glandes salivaires. Il était présent en très faible quantité dans le muscle et en quantité non détectable dans le sang et l'urine. Ainsi, l'agent infectieux n'était pas uniquement localisé dans le système nerveux, seul tissu où sont observées des lésions.

Un second résultat provint également des expériences de Pattison et Millson sur la chèvre. Lorsqu'ils transmettaient la tremblante du mouton à la chèvre, par inoculation intracérébrale, ils provoquaient deux types de tremblante, cliniquement distincts : la tremblante de type *drowsy* (somnolent), avec des symptômes surtout neurologiques dès le début de la maladie, et la tremblante de type *scratching* (qui se gratte), où les premiers symptômes étaient des démangeaisons, même si la maladie évoluait ensuite vers la forme neurologique. Si le cerveau d'une chèvre *drowsy* était utilisé pour inoculer une autre chèvre, celle-ci souffrait quelques mois plus tard d'une tremblante de type *drowsy.* De même, le cerveau d'une chèvre *scratching* transmettait la tremblante de type *scratching*. Tout se passait donc comme s'il existait deux souches d'agent de la tremblante donnant des maladies légèrement différentes. Pattison et Millson émirent d'ailleurs l'hypothèse que ces deux souches de virus circulaient également chez les moutons, ce qui pouvait expliquer la variété des manifestations cliniques observées et par là même les dénominations différentes données à la maladie selon les régions. Les Français auraient appelé la maladie « tremblante » parce que leurs moutons étaient principalement infectés par la souche *drowsy,* et les Anglais l'auraient appelée *scrapie* parce que leurs moutons hébergeaient le virus de type *scratching*. Nouvel exemple des déguisements multiples sous lesquels le Mal sait se dissimuler, cette question des souches était destinée à réapparaître de façon récurrente dans la traque que nous décrivons. Elle est encore d'actualité aujourd'hui.

Un troisième résultat, qui allait permettre d'accélérer considérablement les recherches, fut obtenu par un proche collègue des précédents, Dick Chandler. En 1961, celui-ci parvint à transmettre la tremblante à la souris. Grande nouveauté, ce résultat fut publié dans une revue médicale, *The Lancet*, alors que la quasi-totalité des travaux publiés antérieurement sur la tremblante l'avait été dans des revues vétérinaires, C'est qu'à ce moment, nous le verrons bientôt, la traque du Mal avait commencé à intéresser les médecins.

Chandler avait donc décidé de tenter à nouveau la transmission de la tremblante à la souris sans se laisser arrêter par l'échec de ses prédécesseurs. Deux considérations l'avaient encouragé dans cette voie. La première venait des travaux de Pattison, Millson, et quelques autres, qui avaient mis au point un système de transmission efficace et reproductible de l'agent infectieux chez la chèvre. Plusieurs transmissions successives chez cet animal avaient en quelque sorte stabilisé l'agent, qui provoquait alors des symptômes relativement constants dans des délais eux aussi relativement constants et assez brefs, de sept à treize mois. La seconde considération venait de ses propres travaux sur la sensibilité des souris aux infections bactériennes. Les biologistes, il faut le savoir, ne travaillent pas avec des souris sauvages qu'ils attrapent dans la nature. Depuis fort longtemps, à partir de souris sauvages fondatrices, ils ont créé des élevages de plusieurs lignées de souris. La pérennité des lignées est maintenue en croisant systématiquement les souris d'une même lignée entre elles. Les souris d'une même lignée sont ainsi génétiquement très semblables, alors que les souris de lignées différentes présentent des différences génétiques qui reflètent les différences entre les souris fondatrices. Travaillant avec trois lignées différentes, Chandler avait constaté qu'elles présentaient des sensibilités différentes à l'infection par des bactéries. Il pensa que, peut-être, elles présenteraient également des sensibilités différentes à l'agent de la tremblante. Il entreprit donc d'effectuer des inoculations intracérébrales d'extraits de cerveaux provenant de chèvres atteintes de tremblante à ses trois lignées de souris. Il mena en parallèle deux expériences avec des cerveaux de chèvres atteintes de tremblante de type *drowsy* et *scratching*, respectivement. Après une durée d'incubation de sept mois et demi à neuf mois plusieurs souris présentèrent des symptômes typiquement neurologiques :

« Les symptômes indiquaient une altération des nerfs moteurs, particulièrement ceux de l'arrière-train et de la queue. Les souris se tenaient avec l'arrière-train près du sol et répugnaient à se déplacer. Elles laissaient parfois traîner leurs pattes arrière, et se mettaient à marcher de façon raide, en se balançant. La queue était tenue d'une manière peu naturelle, rigide et souvent non verticale. Si on l'enroulait autour d'un doigt, la queue conservait ensuite la même forme circulaire pendant plusieurs minutes. Suspendues par la queue, les souris rapprochaient leurs pattes arrière l'une contre l'autre, alors que leur tendance est d'habitude de les écarter. Certaines des souris avaient une toison ébouriffée et le dos voûté. Après que les souris eurent été sacrifiées, l'examen de leur système nerveux révéla les lésions caractéristiques de la tremblante [1]. »

Outre le fait qu'elle suggérait très fortement la possibilité de transmettre la tremblante à la souris, cette expérience mit en évidence un autre point important : cette transmission n'avait réussi qu'avec l'extrait de cerveau provenant de la chèvre ayant une tremblante de type *drowsy*, et sur une seule des trois lignées de souris. Ce dernier point n'était pas sans rappeler la sensibilité différentielle des races de moutons à la tremblante, maintes fois rapportée par les éleveurs.

Dans un article publié en 1963, Chandler confirma cette transmission de la tremblante à la souris. Tout d'abord, il précisa que la tremblante pouvait en fait être transmise de la chèvre à ses trois lignées de souris, mais que la transmission était beaucoup moins aisée chez deux des lignées, une faible fraction des animaux seulement développant la maladie et après des temps d'incubation beaucoup plus longs (treize à quinze mois au lieu de sept à neuf). Chandler entreprit alors de transmettre la tremblante de souris à souris. Il y parvint sans difficultés, mais l'agent de la maladie acquit ainsi deux nouvelles propriétés. S'étant en quelque sorte adapté à ce nouvel hôte, il y provoquait la maladie plus rapidement, en quatre à cinq mois, et il se développait avec la même rapidité et la même efficacité chez les trois lignées de souris. D'une certaine façon, la souche de tremblante adaptée à la souris était donc différente de la souche originale, adaptée à la chèvre. Cette modification de la souche se retrouva lorsque Chandler entreprit de retransmettre la maladie de la souris à la chèvre après plusieurs passages chez la souris. Cette re-transmission fut réussie, et cela constitua la preuve définitive que la maladie observée chez la souris était bien la tremblante. Cependant, on s'en souvient, seule la tremblante de type *drowsy* avait pu être transmise à la souris. Or, lors du passage inverse, les chèvres inoculées avec l'agent provenant de la souris présentaient une tremblante parfois de type *drowsy*, parfois de type *scratching*, parfois d'un mélange des deux. Une telle modification du type de tremblante n'était jamais observée lors de passages de chèvre à chèvre. On voit donc que la tremblante peut être transmise entre des espèces aussi différentes que la chèvre et la souris, que cette transmission peut être plus ou moins difficile selon les caractéristiques génétiques des animaux concernés, mais qu'une fois la transmission effectuée, l'agent s'adapte à son nouvel hôte en acquérant de nouvelles propriétés.

Utilisant ses souris, Chandler put faire une série d'expériences élémentaires mais dont le coût et la durée auraient été prohibitifs avec des chèvres ou des moutons. Par exemple, il effectua des dosages de l'agent infectieux. Jusqu'alors, on se contentait d'inoculer des extraits non dilués de différents tissus et l'on obtenait essentiellement une réponse en tout ou rien : les animaux inoculés développaient la tremblante ou ne la développaient pas. Certes, l'observation de la durée d'incubation et de la proportion d'animaux atteints par la maladie donnait une idée de la quantité d'agent présente dans l'inoculum, mais cela restait très imprécis. Chandler, qui n'était guère limité par le nombre d'animaux à utiliser, prépara une série de dilutions des extraits de tissus et les inocula à un grand nombre de souris. Avec un extrait de cerveau de souris, il observa que la durée d'incubation était d'autant plus grande que l'extrait était plus dilué. Cependant, en utilisant un extrait dilué cent mille fois, il obtenait encore la maladie en moins de six mois chez toutes les souris inoculées. Cent mille fois, c'est l'équivalent d'un cm^3 d'extrait dans cent litres d'eau ! Une certaine fraction des souris développaient encore la tremblante au bout de huit à neuf mois après inoculation d'extrait dilué cent millions de fois, soit l'équivalent d'un cm^3 dans cent mille litres d'eau ! La quantité d'agent infectieux dans le cerveau des souris était donc considérable. Si l'on songe qu'il suffit d'environ un centième de cm^3 pour inoculer une souris, on voit qu'à partir du cerveau d'une seule souris atteinte de tremblante, on pourrait contaminer des millions, voire des milliards de ses congénères !

Chandler étudia aussi l'influence de la voie d'inoculation, intracérébrale bien sûr, mais aussi par piqûre dans la moelle épinière, à travers le péritoine, sous-cutanée, ou par voie orale en utilisant une sonde gastrique. Dans tous les cas, il parvint à transmettre la maladie, le succès n'étant que partiel par voie orale où la moitié seulement des animaux étaient tombés malades au bout de neuf mois alors que tous avaient montré les symptômes en moins de sept mois dans les autres cas.

Les souris allaient désormais détrôner les moutons et les chèvres dans les études sur la tremblante. En effet, quiconque voudrait tenter de purifier l'agent de cette maladie devrait, pour mesurer le pouvoir infectieux des diverses fractions, les inoculer à des centaines, voire des milliers d'animaux. C'était envisageable si l'on utilisait des souris, mais guère si l'on devait inoculer des moutons ou des chèvres. Nous allons donc bientôt quitter nos sympathiques ovins et caprins. Mais avant de le faire, il nous reste à revenir sur une question difficile : comment la tremblante se transmet-elle dans la nature ?

VIII

LA TREMBLANTE EST CONTAGIEUSE

Les travaux de Cuillé et de Chelle, amplement confirmés par les vétérinaires britanniques, avaient donc établi de manière indiscutable le caractère transmissible de la tremblante. L'agent qui la cause, lorsqu'il est introduit chez un animal, s'y multiplie de telle sorte que, après un délai d'incubation suffisant, les tissus de cet animal peuvent être utilisés pour en infecter un autre, et ainsi de suite. La tremblante est-elle pour autant contagieuse, va-t-elle se transmettre spontanément d'un animal à l'autre ?

Les observations de MacFadyean paraissaient l'indiquer clairement. Souvenez vous de Monsieur A., dont le troupeau avait été contaminé par les brebis élevées par Monsieur X. De nombreuses autres observations allant dans le même sens avaient été rapportées dans la littérature scientifique. Pourtant, le doute restait permis. Il était toujours difficile d'être certain que, s'ils avaient été isolés, les animaux que l'on pensait contaminés par d'autres n'auraient pas aussi souffert de la tremblante. Ce doute était renforcé par le fait que les essais visant à observer la contagion dans des conditions contrôlées échouaient à peu près systématiquement. Ce problème fut repris par les vétérinaires britanniques.

Voici d'abord les résultats d'expériences rapportées par Pattison en 1964. Dix-sept moutons de la race Cheviot, sensible à la tremblante, sont hébergés pendant cinquante-cinq mois dans une étable en contact étroit avec une succession de moutons et de chèvres atteints d'une tremblante qui leur avait été transmise par inoculation. Aucun des dix-sept moutons Cheviot ne contracta la tremblante. La maladie n'est pas apparue non plus chez aucune des cent quatre-vingt-douze chèvres maintenues de la même façon au contact d'animaux ayant une tremblante expérimentale. Enfin trente-trois chevreaux nés de trois boucs et vingt-sept chèvres auxquels la tremblante avait été inoculée au moment de la conception, et laissés en contact étroit avec leurs parents, y compris en les laissant téter leur mère, ne présentaient le moindre signe de tremblante quatre ans après leur naissance. Comment concilier ces résultats entièrement négatifs avec les observations multiples de contagion observées dans les conditions normales d'élevage de ces animaux ?

Pattison, qui travaillait à Compton, reprit une autre série d'expériences avec des collègues de l'Institut Moredun. Les résultats furent plus concluants cette fois. Au cours de deux expériences, un total de dix-sept chèvres ont été maintenues depuis la naissance en contact étroit et pendant de longues périodes avec des moutons atteints de tremblante naturelle. Dix d'entre elles furent frappées de tremblante. Par ailleurs, trois cas de tremblante ont été observés chez des moutons de la race *Blackface* maintenus en contact continu depuis la naissance, et pendant environ quatre ans, avec des moutons de races variées atteints de tremblante naturelle. Les moutons de race *Blackface* sont réputés totalement indemnes de tremblante dans les conditions naturelles. Il s'agit donc d'une observation claire de contagion.

Pourquoi ces résultats contradictoires entre les deux séries d'expériences ? Y avait-il des différences non contrôlées entre les installations de Compton où se sont déroulées les premières, et celles de l'Institut Moredun, où se sont déroulées les secondes ? D'autres raisons pouvaient également être invoquées. En particulier, les animaux utilisés pour contaminer les autres étaient atteints de tremblante expérimentale (par inoculation) dans le premier cas et de tremblante naturelle dans le deuxième. Il se pouvait que ces deux types de tremblante diffèrent dans leur capacité à être transmis par contagion. Quoi qu'il en soit, la contagion avait été observée dans la deuxième expérience et cela confirmait les multiples observations rapportées par les éleveurs et les vétérinaires. Non que tout le monde ait été convaincu. Ainsi, un des très grands spécialistes de la tremblante, H.B. (James) Parry, est resté persuadé jusqu'à sa mort, en 1980, que la tremblante ne se transmettait que de façon héréditaire. Bien plus, dans un excellent ouvrage récent (1998), deux autres spécialistes du domaine, Rosalind Rindley et Harry Baker, émettent des doutes sur l'existence d'une transmission de la tremblante dans les troupeaux, et défendent également l'idée d'une origine exclusivement génétique de la maladie (voir Bibliographie). Cependant, la grande majorité des chercheurs s'est ralliée à l'idée que la tremblante était une maladie contagieuse, bien que faiblement. Restait à comprendre comment s'effectuait la contagion.

Quelle pouvait être la voie d'entrée du « virus » chez les animaux dans les conditions naturelles ? Une voie d'entrée classique des agents infectieux est la voie orale. Chandler, dans ses expériences avec les souris, avait montré que, chez ces animaux, la contamination orale, si elle était inefficace, était néanmoins possible. Qu'en était-il des moutons et des chèvres ? Pattison et Millson s'étaient posé cette question dès 1961, avant même que Chandler n'entreprenne ses expériences. Ayant administré à ces animaux un breuvage contenant des broyats de cerveau d'animaux malades, ils purent transmettre la maladie. Ainsi, sur cinquante moutons de races variées soumis à ce régime contre nature, sept avaient été atteints de tremblante dans les onze mois qui avaient suivi. La contamination par voie orale était donc possible, mais était-elle responsable de la contamination naturelle ?

Ce n'est que des années plus tard, en 1982, qu'un groupe de chercheurs américains apporta des arguments en faveur de cette hypothèse. William Hadlow et ses collaborateurs entreprirent d'étudier la distribution de l'agent infectieux dans différents tissus de moutons de la race Suffolk appartenant à un troupeau fortement affecté par la maladie, en fonction de l'âge des animaux. En sacrifiant des animaux de différentes classes d'âge, ils espéraient en trouver en phase de gestation de la maladie et voir ainsi où se trouvait l'agent.

Chez quatorze agneaux de moins de huit mois, ils ne trouvèrent aucune trace d'agent infectieux dans les tissus analysés, le dosage ayant lieu par inoculation à la souris.

En revanche, l'agent fut détecté chez huit agneaux de dix à quatorze mois sur quinze, et il était alors présent seulement dans l'intestin et les ganglions lymphatiques. Les ganglions infectés étaient surtout ceux localisés au voisinage du pharynx et de l'intestin.

Sur trois animaux âgés de vingt-cinq mois, une brebis portait l'agent infectieux. Celui-ci était localisé dans le tube digestif, y compris le colon, dans l'ensemble du tissu lymphatique et commençait à apparaître, quoique en faible concentration, dans le système nerveux. Aucune lésion de ce système n'était encore visible et l'animal ne présentait aucun signe clinique.

De façon évidente, l'agent infectieux était présent chez neuf moutons âgés de trente-quatre à cinquante-sept mois qui manifestaient les symptômes de la tremblante. La concentration la plus élevée se trouvait dans le système nerveux, mais l'agent infectait aussi d'autres organes, y compris l'intestin.

Enfin, on n'a trouvé aucune trace d'agent infectieux chez dix-sept autres moutons adultes ne présentant aucun signe de tremblante, mais qui auraient pu être en incubation.

L'infection paraissait donc avoir lieu par voie orale, le tube digestif et les ganglions avoisinants étant les premiers touchés. Elle se propageait ensuite vers le système nerveux, via les organes lymphatiques. L'infection aurait lieu de préférence chez les animaux jeunes, puisqu'on a retrouvé l'agent chez la moitié des agneaux de dix à quatorze mois, mais chez aucun animal sain de plus de trente mois. De plus, sa présence dans l'intestin, tout au long de la maladie, laisse penser que cet agent pourrait aussi se retrouver dans les déjections, ce qui jouerait un rôle dans sa diffusion. Cette hypothèse n'a toujours pas pu être vérifiée, toutes les tentatives de détection de l'agent infectieux dans les fèces ayant échoué. Mais une autre hypothèse a été envisagée par Pattison et ses collaborateurs.

Un ou deux ans après avoir terminé les expériences qui avaient démontré le caractère contagieux de la maladie, ces chercheurs ont pris conscience que le placenta de brebis malades ou en incubation pourrait constituer un support pour la contamination. Il se trouve, en effet, que le placenta expulsé par les brebis lors de la mise bas est ensuite dévoré par les autres moutons. Si l'on ajoute à cela que les moutons sont généralement réunis dans un espace restreint à la période des mises bas, toutes les conditions étaient en principe réunies pour provoquer une dissémination de la maladie, pourvu que la contamination puisse avoir lieu par voie orale, ce qui avait été démontré, et que le placenta soit infectieux, ce qui restait à vérifier. Aussitôt dit, aussitôt fait… si l'on peut dire, vu la durée des expériences. Trois ans plus tard, en 1972, la démonstration était faite : l'administration, par voie orale, de suspensions de membrane placentaire provenant d'une brebis malade provoquait l'apparition de la tremblante chez des moutons et des chèvres. À supposer que le placenta joue un rôle important dans la transmission naturelle de la maladie, une nouvelle explication pouvait être proposée pour expliquer la contradiction apparente entre les deux séries d'expériences par lesquelles Pattison avait tenté d'établir la contagiosité de la maladie. En effet, dans la première série, qui avait conduit à des résultats négatifs, les animaux porteurs de tremblante étaient des mâles ou bien des femelles non gravides, alors que dans la deuxième série, où la contagion avait été observée, il y avait des femelles gravides.

Une voie possible de contamination était ainsi établie. Quelle est son importance réelle ? D'autres voies sont-elles possibles, par l'intermédiaire des fèces notamment, bien que leur infectiosité n'ait pas été démontrée ? Nul ne peut le dire actuellement.

Selon Pattison, l'hypothèse placentaire pourrait même rendre compte d'une observation étrange, faite par le virologiste islandais Björn Sigurdsson en 1954 et confirmée par d'autres, selon laquelle des animaux sains pourraient se contaminer sans contact direct avec des animaux malades mais simplement en fréquentant des lieux où ils ont séjourné. Cette observation n'était pas sans rappeler les fameux « champs maudits » sur lesquels le bétail était systématiquement frappé par le charbon, et dont Pasteur avait trouvé l'explication. En Islande donc, l'élevage des animaux domestiques avait toujours constitué une activité économique majeure. Les maladies des moutons, souvent introduites lors de l'importation d'animaux venant d'autres pays, provoquaient la famine dans l'île. Au début des années 1940, une situation de ce type commençait à se développer, trois nouvelles maladies faisant des ravages dans la population ovine. Ces trois maladies avaient, semble-t-il, été introduites en 1934 par vingt moutons achetés en Allemagne.

C'est alors que Sigurdsson, de retour au pays après avoir bénéficié d'une formation approfondie au Danemark et aux États-Unis, se mit à étudier ces nouvelles maladies. Il découvrit que l'une d'entre elles était due à un virus jusque-là inconnu (ultérieurement appelé « Visna »). L'éradication de ce virus, qui causait de très graves dommages à l'élevage islandais, a nécessité la destruction systématique de tous les troupeaux incluant des bêtes atteintes. Certains de ces troupeaux incluaient également des animaux atteints de RIDA, l'équivalent islandais de la tremblante. Lorsque ces troupeaux étaient détruits, ils étaient remplacés, quelques mois ou quelques années plus tard, par des animaux provenant de régions où le RIDA était absent. Immanquablement, ce nouveau troupeau était frappé par le RIDA. Si des animaux de même provenance étaient utilisés pour remplacer un troupeau où il n'y avait pas eu de RIDA, cette dernière maladie n'apparaissait pas dans le nouveau troupeau. Tout se passait donc comme si les champs ou les bergeries avaient été contaminés par l'agent du RIDA, que celui-ci avait persisté jusqu'à l'arrivée des nouveaux animaux et les avait contaminés.

Selon Pattison, l'agent de la tremblante, vu son extrême résistance, pourrait persister dans les pâtures ou les installations s'il y avait été déposé par l'intermédiaire de placentas contaminés. De fait, des expériences réalisées par d'autres, publiées en 1991, devaient confirmer que des extraits de cerveaux d'animaux atteints de tremblante avaient conservé une infectiosité significative après être restés pendant trois ans sous la surface du sol, dans un jardin. Ainsi, des animaux pourraient peut-être s'infecter en broutant de l'herbage contaminé antérieurement par un placenta.

Les expériences qui ont permis d'établir le caractère infectieux et contagieux de la tremblante ont nécessité l'examen d'un très grand nombre d'animaux. Au cours de ces travaux, les lésions induites par le virus ont été examinées d'une manière beaucoup plus approfondie que n'avait pu le faire Besnoit durant les dernières années du XIXe siècle. Les études ont porté tant sur le mouton que sur la chèvre et la souris.

Il s'est confirmé qu'aucun organe n'était altéré de façon visible en dehors du système nerveux. Les lésions au sein de ce système, par contre, se sont révélées plus étendues que ne l'avait vu Besnoit. Celui-ci avait surtout constaté la présence d'altérations dans la moelle épinière et les nerfs périphériques, alors qu'en fait le cerveau lui-même était le siège d'une dégénérescence importante des neurones, les cellules nerveuses de base. Dans le cerveau, comme dans la moelle, cette dégénérescence se traduisait, en particulier, par la présence de vacuoles – des espèces de bulles – aussi bien à l'intérieur des cellules qu'entre celles-ci. Certaines parties du cerveau ressemblaient à du gruyère, à une éponge...

Alors que les années 1960 débutaient, que la France vivait les premières années de la Ve République, la connaissance de la tremblante avait beaucoup progressé. On savait qu'il s'agissait d'une maladie infectieuse, modérément contagieuse et, même si l'agent responsable n'avait pu être identifié, on savait déjà qu'il avait des propriétés très particulières, comme la résistance au formol, et qu'il pouvait se multiplier dans plusieurs tissus différents, même s'il avait une préférence pour le système nerveux où il provoquait des lésions très caractéristiques. Tous ces résultats, obtenus par une poignée de vétérinaires essentiellement français et britanniques, et au prix du sacrifice d'un nombre considérable d'animaux, n'étaient connus que de leurs collègues et des éleveurs éclairés. Les publications et les conférences sur le sujet leur étaient destinées. Bien peu de médecins dans le monde avaient seulement connaissance de l'existence de la maladie ; *a fortiori* pouvait-on dire la même chose du grand public.

Durant les années 1960, les Papous allaient faire sortir la tremblante de ce ghetto. Le Mal les avait frappés, sous le nom de « kuru ».

IX

LE KURU DES FORÉS

Certains animaux comme certains végétaux sont dits « fossiles vivants ». Ils paraissent avoir survécu depuis des temps immémoriaux, alors que les espèces qui leur étaient contemporaines ont disparu pour laisser place à de nouvelles mieux adaptées à un monde changeant. Or, au milieu du XXe siècle, l'humanité elle-même avait encore ses fossiles vivants, des groupes d'êtres humains qui, coupés du reste du monde, vivaient encore comme nos lointains ancêtres. Ainsi en allait-il de certains groupes ethniques vivant dans une grande île située au nord de l'Australie et à laquelle les navigateurs portugais et espagnols qui l'avaient découverte au XVIe siècle avaient donné le nom de Nouvelle-Guinée. L'un de ces groupes ethniques, celui des Forés, bien involontairement et pour son malheur, allait donner une nouvelle dimension à la traque du Mal.

La Nouvelle-Guinée est restée très longtemps une *terra incognita*. Sa nature insulaire n'a été définitivement établie qu'à la fin du XVIIIe siècle par le grand navigateur anglais James Cook, et l'exploration de l'intérieur de l'île ne devait commencer qu'au début du XIXe siècle. Il faut dire que, malgré sa beauté, cette île avait une sinistre réputation. Même l'indomptable capitaine Bligh, manquant cruellement d'eau et de vivres après la mutinerie du Bounty, n'osa s'y aventurer par crainte des indigènes réputés sanguinaires et cannibales. Par ailleurs, la géographie et le climat présentaient des obstacles redoutables à la progression des explorateurs. Cette île montagneuse, dont les sommets culminent vers 4 000 mètres, était recouverte d'une épaisse forêt tropicale, et son climat très chaud et humide était difficile à supporter pour des hôtes de pays plus tempérés.

L'île, qui s'étend sur une longueur de 2 400 kilomètres environ et une largeur maximale de 650 kilomètres, est aujourd'hui partagée politiquement en deux moitiés de tailles comparables. La partie ouest constitue la province indonésienne d'Irian Jaya, alors que la partie est forme la jeune nation de Papouasie-Nouvelle-Guinée. Cependant, dans les années 1950, la période qui nous occupe, cette dernière était un territoire sous administration australienne. À cette époque, certaines régions peu accessibles des zones montagneuses hébergeaient des populations qui vivaient encore à l'âge de pierre. Des populations armées d'arcs et de flèches, utilisant des haches de pierre, creusant la terre avec des bâtons, ignorant les métaux et la roue. Dans ces populations, comme chez tous les peuples primitifs, le magique et le surnaturel jouaient un rôle de premier plan. Le sorcier était le dépositaire du pouvoir suprême. L'intimité avec les morts était la règle. Les régions où vivaient ces populations n'avaient pas ou pratiquement pas vu d'homme blanc.

L'administration australienne s'était donné pour mission de les placer « sous contrôle », d'y faire régner son autorité, d'y faire cesser les guerres entre villages et disparaître les pratiques cannibales. C'est dans une de ces régions en cours de pacification que se trouvait un jeune médecin allemand d'origine estonienne plein d'enthousiasme, Vincent Zigas.

Zigas était arrivé en Nouvelle-Guinée en 1950. Dans un livre fascinant où il raconte l'extraordinaire aventure qu'il y a vécue, il s'interroge sur les raisons qui l'ont poussé à quitter son pays natal :

« Était-ce parce que je souhaitais prendre mes distances avec l'inquiétant nouveau conflit que je sentais couver dans ma patrie, le conflit entre la bannière étoilée et l'emblème frappé de la faucille et du marteau ? Ou bien cherchais-je un endroit tranquille où je pourrais étudier l'humanité, des gens proches de la nature, et offrir mes services pour aider à combattre les maladies et leurs séquelles ? Ou bien était-ce peut-être pour étudier les hommes – les hommes de jadis [1] ? »

Après avoir suivi une formation de quatre mois à Sydney, où on lui enseigna tout ce qu'il devait savoir sur les territoires où il allait opérer, il fut envoyé pour une première mission en Nouvelle-Guinée. L'objectif de cette mission médicale et sanitaire était d'aider les populations à lutter contre les nombreuses maladies qui sévissent dans ces régions. Son succès lui valut de se voir attribuer la nationalité australienne, et il devint fonctionnaire du ministère de la Santé de ce pays. En tant que tel, il fut transféré en 1955 dans une région montagneuse du centre de la Nouvelle-Guinée. Les candidats n'étant pas nombreux à souhaiter s'exiler dans ces régions isolées, Zigas se retrouva seul médecin dans une région très peuplée. Il eut donc fort à faire pour remplir sa fonction, proche de celle de nos médecins humanitaires aujourd'hui. Après plusieurs mois d'un travail éprouvant, et suite à un accident, il fut contraint de se faire opérer d'un genou dans une petite ville proche. Au cours de sa convalescence, il rencontra dans une soirée un officier chargé de pacifier un secteur habité par un certain groupe ethnique, les Forés. Au cours de la conversation, Zigas interrogea l'officier sur la situation sanitaire de cette population. Celui-ci mentionna plusieurs pathologies habituelles dans cette région, puis il parla du « kuru ».

L'officier avait remarqué cette maladie de façon très précoce au cours de sa mission de pacification. Son journal, à la date du 6 décembre 1953, porte la mention suivante :

« Me déplaçant vers le sud-ouest à travers la montagne, après être descendu vers un petit torrent et l'avoir traversé, puis l'avoir remonté vers les villages d'Amusi, près de l'un d'entre eux, une petite fille assise près d'un feu attira mon attention. Elle tremblait violemment, et sa tête se mouvait par saccades d'un côté puis de l'autre. On me dit qu'elle était ensorcelée, qu'elle continuerait à trembler ainsi sans pouvoir manger, jusqu'à sa mort, qui surviendrait d'ici quelques semaines [2]. »

Par la suite, l'officier avait rencontré plusieurs autres cas similaires. Le mal dont ces personnes étaient atteintes était appelé « kuru », ce qui, en langage foré, signifiait « trembler, de peur ou de froid ». Zigas paraissant très intéressé, l'officier l'invita à lui rendre visite et promit de lui envoyer un guide.

Rien n'allant très vite dans cette jungle montagneuse et hostile où les indigènes, avec lesquels la communication était difficile, avaient l'éternité devant eux, ce n'est que trois mois plus tard que Zigas voit arriver l'envoyé de l'officier. Il se met en route aussitôt. C'était en septembre 1955. Après deux jours de marche dans la montagne, il arrive dans un petit hameau, une poignée de huttes. Son guide lui indique l'une d'entre elles, où il pénètre. Dans un coin est assise une femme d'environ trente ans. Elle a l'air bizarre. Pas vraiment malade, mais amaigrie, le regardant avec des yeux vides, son visage comme recouvert d'un masque. Par moments, sa tête et son corps sont pris d'un léger tremblement, comme si elle avait froid, bien qu'il fasse plutôt chaud. On dit à Zigas que cette femme est très malade, qu'elle a été ensorcelée. Il tente alors de la « désensorceler », utilisant les faibles moyens médicaux à sa disposition, mais sans le moindre succès. Les autres habitants du hameau n'en sont pas surpris : que pouvait cet étranger blanc devant la toute-puissance de leurs sorciers ? Un peu plus tard son guide lui dit :

« Doc' n'essaie plus d'utiliser ta médecine magique. Elle ne pourra pas être plus forte que nos sorciers. Dans mon village, tu verras beaucoup de gens mourir de cela [3]. »

Zigas vient de rencontrer son premier cas de kuru.

Deux jours plus tard, il parvient au centre du territoire des Forés, où il retrouve l'officier qui paraît considérer le kuru comme un phénomène d'hystérie collective. Pour les Forés, aucune mort n'est naturelle. Si un membre de la famille ou un ami meurt de maladie, ils recherchent aussitôt quel sorcier en est responsable. S'il y a un sorcier attesté dans les parages, il sera le suspect numéro un. Dans le cas contraire, les soupçons se porteront sur n'importe qui, peut-être un ennemi personnel, peut-être quelqu'un ayant un aspect ou un mode de vie inhabituels. L'ensorcellement présumé appelle une vengeance, un assassinat rituel appelé « tukabu ». Toute mort résultant du kuru entraîne ainsi généralement une deuxième mort, par tukabu.

Zigas rapporte une série de descriptions aussi précises que poignantes des nombreux cas qu'il rencontre.

Ici, il s'agit d'une femme assise devant sa porte :

« Elle tenait sur ses genoux un corps flasque, terriblement émacié, les os transparaissant sous la peau, le squelette frissonnant d'un petit garçon, qui me regarda en louchant avec des yeux vides [4]. »

C'était l'enfant unique de la femme, et il mourut le lendemain. Le mari était mort par tukabu.

Là, l'œil de Zigas est attiré par un jeune garçon. Celui-ci porte sur ses épaules un long tube de bambou rempli d'eau. L'enfant lui paraît trébucher alors qu'il tente de passer dans l'étroite ouverture d'une palissade. Cela surprend Zigas, car les enfants mélanésiens font toujours preuve d'une extrême agilité. Son guide l'informe : « Ses genoux sont faibles, il a le kuru. » L'enfant étant parvenu à passer l'obstacle, les autres enfants qui étaient là partent d'un grand éclat de rire. Le porteur d'eau se joint à l'hilarité générale. Aux oreilles de Zigas, pourtant, son rire paraît étrange, débile.

Zigas est rapidement en mesure de dresser un tableau clinique de la maladie, laquelle suit un cours remarquablement uniforme. Les premiers symptômes sont des défauts dans la démarche et l'équilibre, puis dans le port des membres supérieurs et du tronc. Alors que ces désordres conduisent progressivement à une incapacité totale, les membres, le corps, le cou sont atteints de tremblements semblables à ceux qui résultent d'un choc émotionnel, diminuant pendant le repos pour disparaître durant le sommeil. Des symptômes associés sont l'apparition d'un strabisme prononcé, et d'une grande instabilité émotionnelle. Devenu incapable de se mouvoir, le patient finit par rester prostré sur sa couche, avant d'entrer dans le coma, puis de mourir. Les facultés intellectuelles ne paraissent guère affectées au cours de la maladie, bien que les malades perdent rapidement la faculté de s'exprimer.

Ce tableau clinique laisse Zigas perplexe. Il envisage de multiples hypothèses, dont, comme l'officier, un phénomène d'autosuggestion, d'hystérie collective. Convaincues d'avoir été ensorcelées, les victimes tomberaient effectivement malades. Pendant près d'un an, il échafaude des hypothèses et tente d'intéresser les chercheurs et administrateurs australiens au problème. Avec un succès mitigé. S'il obtient la visite du célèbre savant Sir Frank Macfarlane Burnet, directeur de l'Institut Walter et Eliza Hall à Melbourne, celui-ci ne montre qu'un intérêt poli. Un grand virologiste du même institut, Gray Anderson, par contre, se montre beaucoup plus intéressé, et prêt à aider. À l'issue d'une deuxième mission en territoire foré, du 22 octobre au 12 novembre 1956, Zigas lui fait donc parvenir vingt-six prélèvements sanguins, et un cerveau, provenant de victimes du kuru. L'espoir était qu'Anderson pourrait découvrir dans ces prélèvements quelque agent infectieux, peut-être un virus. La réponse arriva quelques semaines plus tard, entièrement négative : aucune des méthodes habituelles de la virologie n'avait permis de détecter le moindre agent infectieux. Le mystère s'épaississait. Zigas s'apprêtait à repartir en territoire foré. Le départ était prévu pour le 14 mars 1957. C'est alors que, la veille du départ, apparut un étrange visiteur.

Zigas le décrit ainsi :

« À première vue, on aurait dit un hippie, dont on aurait coupé la barbe et les cheveux, et qui aurait fui la société moderne pour la civilisation de l'âge de pierre. Il portait un short très usé, une chemise brunâtre et non boutonnée, laissant apparaître un T-shirt sale, et des espadrilles en lambeaux. Il était grand et maigre, et d'un âge indéfinissable ; il avait l'air d'un adolescent avec des cheveux noirs en brosse de longueur inégale, comme s'il les avait coupés lui-même. Il avait l'air carrément miteux. C'était un homme bien bâti avec une tête remarquablement profilée, un regard singulièrement pénétrant, et des oreilles décollées. Cela lui donnait l'air surpris, alerte de quelqu'un avide de saisir tous les aspects d'un nouveau sujet [5]. »

Ce nouveau venu s'appelait Carleton Gajdusek. Il allait être lauréat du prix Nobel.

En 1957, Gajdusek avait trente-cinq ans. De nationalité américaine, médecin pédiatre, il avait acquis une solide formation scientifique dans les laboratoires de plusieurs chercheurs de grande renommée, puis s'était rendu comme chercheur invité dans le laboratoire de Sir Macfarlane Burnet à l'Institut Walter et Eliza Hall à Melbourne. À côté de son travail de laboratoire, qui conduisit d'ailleurs à d'importants résultats, il profita de son séjour dans cette partie du monde pour étudier le développement de l'enfant et les maladies qui frappent celui-ci dans les sociétés primitives. C'est dans cet esprit qu'il avait décidé de faire une étape en Nouvelle-Guinée lors de son retour aux États-Unis. Lorsqu'il arriva à Port Moresby, capitale administrative du territoire de Papouasie-Nouvelle-Guinée, il n'avait pas entendu parler du kuru. Sir Mac, comme on l'appelait familièrement, ne lui en avait rien dit, ce qui ne manqua pas de causer beaucoup d'amertume à Zigas quand il l'apprit. Ce fut donc de la bouche du nouveau directeur de la Santé du Territoire qu'il fut informé des observations faites par Zigas. Fort intrigué, il décida aussitôt de le rejoindre, d'où son apparition inopinée la veille du départ de Zigas pour une nouvelle expédition en pays foré.

Trop heureux de rencontrer enfin un chercheur qui s'intéresse de près au problème qui le préoccupe depuis un an et demi, Zigas emmène Gajdusek avec lui. Ce fut le début d'une année de travail intense, d'une collaboration efficace et chaleureuse, non seulement entre Zigas et Gajdusek, mais également avec plusieurs autres acteurs, des Australiens, mais aussi des indigènes acquis à la cause des chercheurs. Un laboratoire de fortune fut établi, ainsi que des installations pour accueillir les malades. Des prélèvements, des autopsies, et quelques analyses élémentaires pouvaient désormais être effectués, dans des conditions acceptables sinon idéales. Des prélèvements furent envoyés en Australie et aux États-Unis. Le travail de laboratoire était entrecoupé d'expéditions visant à compléter le tableau clinique, à réunir des données épidémiologiques, et à préciser la distribution géographique de la maladie.

À la fin de l'année 1957, en septembre ou octobre, parvinrent les résultats d'analyses histopathologiques (examens de coupes de tissus au microscope), effectuées aux National Institutes of Health, aux États-Unis, par un chercheur nommé Igor Klatzo. Sans apporter de solution immédiate aux problèmes que se posaient Zigas et Gajdusek sur l'origine de la maladie, ils apportaient des éléments qui revêtirent une grande importance ultérieurement.

D'une part, Klatzo avait observé une dégénérescence neuronale généralisée dans le cerveau et la moelle épinière. La seule autre maladie conduisant à des altérations du même type lui parut être celle de Creutzfeldt-Jakob. Ni Gajdusek ni Zigas ne connaissaient cette maladie, dont seulement une vingtaine de cas avaient été décrits, aucun dans une revue de langue anglaise.

D'autre part, dans la moitié des douze cas qu'il avait étudiés, Klatzo avait constaté la présence de taches inhabituelles, ou « plaques », principalement sur les coupes de cervelets mais aussi d'autres tissus nerveux. Grâce à des colorants appropriés, il avait révélé la structure de ces plaques, apparemment constituées d'un assemblage de fibres, souvent organisées en rayons autour d'un centre sombre. Ces plaques présentaient une certaine ressemblance avec les plaques dites « séniles » présentes, notamment, dans le cerveau de personnes atteintes de la maladie d'Alzheimer. Elles en différaient cependant par certains détails. On n'avait pas décrit de telles plaques chez les malades atteints de maladie de Creutzfeldt-Jakob, sauf peut-être dans un seul cas, mais avec une distribution différente, car elles y paraissaient absentes du cervelet.

À peu près au moment où parvenaient ces résultats, Gajdusek entreprenait d'écrire deux articles destinés à faire connaître à la communauté scientifique les observations faites avec Zigas. Ces articles parurent en novembre 1957. Ils donnaient une description détaillée du tableau clinique, et fournissaient les premières données épidémiologiques :

« La maladie n'entraîne pas de réaction fébrile et se caractérise par l'établissement insidieux d'une difficulté à se mouvoir, qui s'aggrave progressivement et est rapidement accompagnée d'un léger tremblement au niveau du tronc, de la tête et des extrémités. Ces tremblements involontaires et les difficultés de locomotion augmentent [...] accrus lorsque le patient exerce une activité musculaire ou est fatigué, pour décroître au repos et disparaître durant le sommeil [...] aucun désordre organique, au niveau du foie, en particulier, n'est mis en évidence.
Les tremblements, les difficultés à se mouvoir et les troubles de la coordination continuent à augmenter pendant un à trois mois à compter de leur apparition, à la suite de quoi le patient ne peut plus se déplacer sans l'aide d'un bâton. Un ou deux mois plus tard, le patient devient incapable de marcher ou même de se tenir debout seul et l'équilibre en position assise est lui aussi perdu peu après. L'intelligence reste normale durant les premiers mois de la maladie, mais la parole devient progressivement confuse, mal articulée, puis finalement inintelligible. En même temps que cette difficulté à s'exprimer, une diminution progressive des fonctions intellectuelles devient apparente. Les patients font souvent preuve d'une sensibilité émotionnelle exacerbée, se traduisant, en particulier, par une hilarité excessive exprimée par un rire bruyant et stupide à la moindre provocation et un relâchement très lent des expressions faciales [...] En général, le patient reste bien intégré dans son environnement social tant que son incapacité n'est pas devenue trop grave. Lorsqu'il ne peut plus se déplacer, il est laissé dans l'intérieur obscur des huttes, et ne voit plus guère la lumière

du jour. L'incontinence se développe, et la parole est complètement perdue [...] Finalement le patient ne peut plus ni mâcher ni avaler et il meurt rapidement de faim et de diverses complications dues à l'immobilité [...] Un strabisme convergent est pratiquement universel à la fin de la maladie. Celle-ci dure rarement plus d'un an, et elle est généralement fatale en trois à six mois [6]. »

Le kuru n'apparaît qu'à partir de l'âge de quatre ans. Chez les enfants, les deux sexes sont touchés de façon comparable. Chez les adultes, en revanche, les femmes sont touchées dix à vingt fois plus souvent que les hommes. C'est là un fait étrange, qui nécessite une explication. La distribution géographique est, elle aussi, surprenante. Le kuru n'est présent que dans une petite région, longue de 60 kilomètres et large de 30 kilomètres, environ. Seuls sont touchés les Forés, et dans une moindre mesure des groupes voisins avec lesquels des mariages avec les Forés ont eu lieu. Dans la région considérée, en moyenne 1 % de la population est affectée, et environ 1 % meurt du kuru chaque année. Dans certains clans de Forés, 5 à 10 % de la population est atteinte, et la moitié des décès des cinq années antérieures sont attribuables au kuru. Le nombre total de victimes du kuru a été de plusieurs milliers. À ces chiffres déjà fort élevés, il conviendrait d'ajouter le décès des sorciers victimes de la vengeance, le tukabu, et des jeunes enfants des femmes frappées par la maladie.

Pour ce qui est des causes du kuru, les auteurs doivent avouer leur ignorance. Lorsque Gajdusek avait entendu parler pour la première fois de cette maladie, il avait tout de suite pensé à une origine infectieuse et les premières études avaient été conduites avec l'espoir d'identifier l'agent responsable. Or, plus les travaux avancent, moins cette hypothèse paraît tenable. Le plus surprenant est l'absence de réaction du système immunitaire des patients. En effet, toute infection déclenche en principe les réactions de défense de l'organisme, ce qui se traduit, notamment, par une élévation de température et des phénomènes d'inflammation correspondant à la mobilisation de cellules spécialisées chargées d'éliminer l'intrus. Rien de tel ne se produisait chez les patients atteints du kuru. À cela s'ajoutaient les échecs répétés dans la détection d'un agent infectieux chez les patients, par les laboratoires australiens et américains auxquels avaient été envoyés des prélèvements. En revanche, le caractère souvent familial de la maladie suggérait une origine génétique, peut-être en association avec un facteur environnemental particulier à ce groupe ethnique.

X

LA CHUTE DU MUR

Il ne s'agit pas de celui de Berlin – nous sommes en 1959, et il est flambant neuf – mais du mur qui sépare le monde des médecins de celui des vétérinaires. Cette année là, en effet, un lien allait être suggéré, pour la première fois, entre une forme du Mal attaquant l'être humain, le kuru, et une forme trouvée chez l'animal, la tremblante.

Revenons à Compton, ce centre de recherche anglais où travaillaient Pattison et ses collègues. En 1958, alors que s'était posée la question de la tremblante dans les exportations de moutons vers les États-Unis, les Américains avaient envoyé un de leurs vétérinaires, William Hadlow, y travailler.

Le 5 septembre 1959, Hadlow publie dans la revue *The Lancet* une courte lettre qui devait revêtir une importance primordiale. Après un début extrêmement modeste, comme il convient lorsqu'un vétérinaire se hasarde à publier dans une revue médicale, où l'auteur reconnaît les risques que l'on peut courir à comparer de trop près les maladies de l'homme à celles des animaux, il dresse un tableau éloquent des similitudes existant entre la tremblante et le kuru. Il termine par une humble suggestion :

« Il pourrait être utile, vu l'expérience acquise par les vétérinaires en matière de tremblante, d'examiner la possibilité d'inoculer le kuru à un primate de laboratoire, car l'on est en droit de penser que les mécanismes intervenant dans l'apparition de la tremblante – si inhabituels qu'ils soient – ne sont pas spécifiques à la pathologie animale [1]. »

Les similitudes entre tremblante et kuru sont donc telles qu'il serait judicieux d'examiner si, comme la tremblante, le kuru ne serait pas transmissible. Ne pouvant être essayée chez l'homme, la transmission pourrait être tentée chez ses plus proches cousins, les primates. Après tout, le chimpanzé n'est pas plus éloigné de l'homme que la chèvre du mouton. De plus, dans le texte de sa lettre, Hadlow rappelle que l'incubation de la maladie peut être très longue, ce qui doit inciter à la patience ceux qui souhaiteraient tenter de transmettre le kuru.

Cette suggestion de Hadlow fut une révélation pour Gajdusek. Il avait quitté provisoirement la Papouasie-Nouvelle-Guinée, fortement encouragé en cela par les autorités australiennes qui n'avaient pas vu d'un très bon œil un Américain s'emparer de la recherche sur le kuru. Décidé à en savoir plus sur la tremblante, il alla donc rendre visite à Hadlow et aux autres vétérinaires de Compton et de l'Institut Moredun. De ces visites, il repartit convaincu que des essais de transmission du kuru à des animaux de laboratoire s'imposaient, notamment à des primates. Et il savait qu'il devrait être patient. Il inocula ses premiers chimpanzés en août 1963.

En attendant de voir ce qu'il advint de ces animaux, retournons un court moment aux antipodes. Un jeune médecin australien originaire d'Adélaide, Michael Alpers, était arrivé en pays foré, pour s'y consacrer à l'étude du kuru, en collaboration avec Gajdusek, lequel fit de nouveaux séjours dans la région. Alpers et Gajdusek entreprirent une étude épidémiologique extensive de la maladie et, en particulier, s'intéressèrent à l'évolution de son impact au cours des années. Un premier résultat de leur analyse fut que la maladie paraissait d'origine récente. Selon de nombreux témoignages concordants, elle serait apparue quarante ou cinquante ans plus tôt, vers le début du siècle. Un second résultat, très troublant, fut que l'épidémie était en régression depuis les observations initiales de Zigas et Gajdusek, en 1957. Une régression limitée, mais significative, particulièrement chez les enfants. La tentation était grande de corréler cette diminution avec le processus de pacification, précisément mis en œuvre dans cette région au moment où les premières études sur le kuru étaient réalisées. Cette hypothèse était renforcée par la constatation que les secteurs où la diminution du nombre de cas était la plus forte étaient ceux où la pénétration de la civilisation européenne avait été la plus précoce. Dans la mesure où ce contact avec les Blancs avait introduit de multiples changements dans les modes de vie des indigènes, il n'était pas aisé de savoir lequel de ces changements avait altéré l'incidence du kuru. Parmi les coutumes que les patrouilles de pacification avaient fait disparaître totalement, se trouvait le cannibalisme rituel. Cette coutume voulait que les Forés consommassent les morts de leur famille. De plus, consommer le corps de personnes mortes du kuru devait les protéger contre cette maladie...

Mais revenons à nos chimpanzés, ou plus exactement à ceux de Gajdusek. En février 1966, celui-ci et ses collaborateurs, Joe Gibbs et Michael Alpers, publient leurs premiers résultats. Trois chimpanzés ayant reçu une inoculation intracérébrale de suspensions de cerveaux provenant de trois victimes différentes du kuru ont manifesté, entre dix-huit et vingt et un mois plus tard, des symptômes étonnamment semblables à ceux du kuru chez l'homme. Tout y était, de façon plus ou moins marquée selon les animaux : perte de l'équilibre, tremblements, perte de la capacité à se nourrir, strabisme, et évolution fatale en quelques mois. Une grande similitude était également retrouvée dans les lésions du système nerveux, avec, de façon très nette, une dégénérescence caractéristique du cervelet. Gajdusek avait donc reproduit dans le cas du kuru les expériences que Cuillé et Chelle avaient effectuées trente ans plus tôt sur la tremblante. La prédiction de Hadlow était exacte, le kuru se comportait bien comme la tremblante.

Gajdusek, Gibbs et Alpers confirment leurs résultats en transmettant, avec succès, le kuru à plusieurs autres chimpanzés, non seulement à partir de victimes humaines de la maladie, mais également à partir des premiers animaux auxquels ils avaient transmis le kuru, effectuant ainsi un deuxième passage. Lors de ce deuxième passage, la durée d'incubation s'est raccourcie à un an. On retrouve ici un phénomène d'adaptation du « virus » à son nouvel hôte, comme dans les cas de transmission interspécifique de la tremblante.

Gajdusek s'interroge alors sur la possibilité de transmettre, de la même façon que le kuru, d'autres maladies chroniques du système nerveux. Ses premiers essais sont tous négatifs. Ils concernent des maladies telles que la sclérose en plaques et la maladie de Parkinson. Dans un deuxième temps, par contre, en 1968, ses collaborateurs et lui-même parviennent à transmettre à un chimpanzé la maladie de Creutzfeldt-Jakob. Les symptômes, chez l'animal ainsi infecté, sont proches de ceux qu'on a observés chez les chimpanzés auxquels avait été transmis le kuru. Ainsi, maladie de Creutzfeldt-Jakob, kuru et tremblante apparaissent comme des maladies apparentées, causées par des agents vraisemblablement similaires. Dès lors, commence à être utilisé un nom générique pour désigner ce groupe de maladies. Le Mal a désormais un nom savant : on l'appelle « encéphalopathie spongiforme subaiguë ». Il s'agit bien, en effet, de maladies de l'encéphale, ayant pour résultat de donner à certaines parties du cerveau l'aspect d'une éponge, le qualificatif de « subaiguë » signifiant qu'il s'agit de maladies à évolution lente. Ces maladies seront en outre qualifiées ultérieurement de « transmissibles », d'où la dénomination souvent utilisée d'ESST.

Retournons une dernière fois en Papouasie-Nouvelle-Guinée. Continuant son étude épidémiologique, Alpers constate que la tendance déjà observée en 1964 s'est accélérée. Le kuru est en train de disparaître, et d'abord chez les enfants. Attribuer cette disparition progressive à la cessation du cannibalisme s'impose de plus en plus comme une évidence. Les travaux de Gajdusek et ses collaborateurs ont en effet établi le caractère infectieux de la maladie, ce qui rend sa transmission lors des pratiques de cannibalisme plus que probable. De plus, il s'est avéré que les femmes et les jeunes enfants avaient beaucoup plus de chances d'être exposés à l'agent du kuru que les hommes adultes. En effet, c'est aux femmes que revenait la tâche de dépecer les cadavres pour en préparer les morceaux, opération au cours de laquelle pouvait se produire une contamination par voie cutanée, par l'intermédiaire de petites blessures. Une telle contamination n'aurait pas épargné les très jeunes enfants dont elles avaient la charge. Par ailleurs, seuls les femmes et les enfants consommaient le cerveau et les viscères, les « bons morceaux », c'est-à-dire les muscles, étant réservés aux hommes. Ces pratiques pouvaient ainsi rendre compte du caractère épidémiologique si particulier du kuru, qui affectait presque exclusivement les enfants des deux sexes et les femmes adultes. Quant au caractère familial de la maladie, il s'expliquait aisément, le cannibalisme se pratiquant « en famille ». Pour ce qui est de la voie exacte par laquelle s'effectuait la contamination, cutanée ou orale, Gajdusek a toujours paru préférer la première. Les raisons de cette préférence ne sont pas claires, dans la mesure où, dès 1961, Pattison et ses collaborateurs avaient obtenu la transmission de la tremblante par voie orale tant chez le mouton que chez la chèvre. Elle tenait sans doute au fait que plusieurs données indiquaient une contamination très précoce chez les jeunes enfants, à un âge où ils ne participaient pas encore aux repas funéraires rituels.

Le kuru a désormais à peu près complètement disparu, mais le suivi des derniers malades permet d'avoir des données sur la durée d'incubation de la maladie. Les pratiques du cannibalisme ayant complètement cessé à la fin des années 1950, tout cas de kuru se déclarant ultérieurement devait correspondre à une contamination avant cette date. Or on peut constater que des cas de kuru, quoique rares, continuent d'apparaître aujourd'hui, soit quarante ans après ! Dans la mesure où kuru et maladie de Creutzfeldt-Jakob vont se révéler comme des maladies extrêmement similaires, presque identiques, cette donnée prendra une grande importance dans les cas de transmission accidentelle de cette dernière maladie, tels qu'ils seront évoqués plus loin.

Restait à comprendre comment le kuru était arrivé chez les Forés. Sur ce point, on en est réduit aux conjectures. Le plus vraisemblable est qu'un cas de maladie de Creutzfeldt-Jakob d'origine inconnue s'est produit chez un Foré, comme il s'en produit partout dans le monde, et que l'agent de cette maladie s'est ensuite répandu dans la population du fait des pratiques de cannibalisme. Les passages successifs d'un Foré à l'autre pourraient avoir permis une adaptation de l'agent qui aurait conduit à l'état clinique caractéristique du kuru, un peu différent de celui de la maladie de Creutzfeldt-Jakob.

Le kuru a donc bien fait sortir la tremblante de son ghetto. Mais il a fait beaucoup plus. Son étude a conduit à la démonstration, pour la première fois, que des maladies humaines entraînant la dégénérescence du système nerveux pouvaient avoir une origine infectieuse. Quant aux agents responsables de telles infections, chez l'homme comme chez l'animal, ils apparaissaient comme très atypiques, tant par la lenteur de leur développement chez l'hôte infecté que par leurs propriétés physiques. Leur étrangeté n'allait pas tarder à attirer l'attention d'une nouvelle génération de chercheurs persévérants. En attendant, le succès de Gajdusek, l'extraordinaire aventure qui l'avait conduit des montagnes de Papouasie-Nouvelle-Guinée à la démonstration que le kuru, puis la maladie de Creutzfeldt-Jakob étaient dus à un agent infectieux, méritaient d'être reconnues par la communauté scientifique. C'est ce que devait faire le comité Nobel quelques années plus tard, en 1976, en lui décernant le prix de physiologie et de médecine.

Au-delà de l'admiration devant les succès rencontrés par Gajdusek et son équipe, une inquiétude commençait à se profiler. Si les encéphalopathies spongiformes étaient transmissibles non seulement à l'intérieur d'une espèce mais entre espèces différentes, si la contagion pouvait s'effectuer par voie orale, et si l'agent de la tremblante ressemblait tant à celui de maladies humaines, ne pourrait-on pas contracter la tremblante en consommant du mouton ? Gajdusek devait avoir cette idée en tête lorsqu'il tenta de transmettre la tremblante à des singes, et inversement, de transmettre le kuru et la maladie de Creutzfeldt-Jakob à une série d'animaux autres que les chimpanzés, notamment à des moutons et des chèvres. Après de multiples échecs, il parvint finalement à obtenir en 1972, cinq ans et cinq mois après l'inoculation, la transmission de la tremblante de la souris à un macaque. Comme il était entre-temps parvenu à transmettre kuru et maladie de Creutzfeldt-Jakob à un grand nombre d'espèces de singes, y compris des macaques, la preuve était faite qu'une même espèce pouvait être sensible à la fois à la tremblante et aux maladies humaines du même type, et que les symptômes en résultant étaient similaires. Quelques années plus tard, en 1980, l'équipe de Gajdusek devait rapporter la transmission par voie orale du kuru, de la maladie de Creutzfeldt-Jakob et de la tremblante à un singe de petite taille, le singe écureuil. Dans ces cas, la transmission sera « naturelle », en ce sens que les tissus contaminés n'auront pas été inoculés de force aux animaux, mais simplement mélangés à leur nourriture.

Mais nous anticipons. Revenons à la fin des années 1960. Le groupe des encéphalopathies spongiformes subaiguës transmissibles, ou ESST, a été clairement défini. Affectant les hommes comme les animaux, ces maladies se caractérisent par des symptômes cliniques assez comparables et des lésions bien reconnaissables du système nerveux. Toutes peuvent être transmises de façon très efficace par inoculation intracérébrale de matériel infectieux mais aussi par d'autres voies, dont la voie orale. La grande question, désormais, c'est la nature des agents infectieux impliqués. On parle de virus, mais il s'agit de virus bien étranges. Alors que leur existence avait été postulée dès 1936 par Cuillé et Chelle, personne ne les a encore vus. S'agit-il véritablement de virus ou bien d'agents infectieux d'un nouveau type, encore jamais décrits ? La biologie moléculaire, cette science nouvelle qui avait émergé durant les années 1950 et 1960, allait s'emparer du problème.

XI

DU COLLIER DE PERLES À LA DOUBLE HÉLICE

Nous sommes donc à la fin des années 1960. À Paris comme aux États-Unis et un peu partout dans les pays développés, les étudiants descendent dans la rue.

Où en est donc la traque du Mal ? Un portrait-robot commence à se dessiner. Sous des formes très voisines, il attaque les moutons et les chèvres, c'est la tremblante, mais aussi l'homme. Chez les Forés de Papouasie-Nouvelle-Guinée, c'est le kuru, mais il sévit aussi dans le reste du monde sous le nom de maladie de Creutzfeldt-Jakob. Transmissible expérimentalement, à l'intérieur d'une même espèce ou entre espèces différentes, le Mal doit être dû à un agent infectieux. Dans les conditions naturelles, il n'est que très modérément contagieux. La contagion est observée chez le mouton et la chèvre, mais le mécanisme en est mal connu ; elle pourrait être due à l'absorption de placentas contaminés, mais d'autres voies pourraient intervenir. Chez l'homme, les pratiques cannibales des Forés ont permis au kuru de prendre un caractère épidémique, mais la maladie de Creutzfeldt-Jakob apparaît alors comme strictement non contagieuse, aucun cas de transmission d'homme à homme n'ayant été rapporté. Deux groupes de faits, cependant, entachent ce portrait-robot de lourdes incertitudes.

Le premier groupe concerne les observations multiples suggérant que le Mal pourrait être héréditaire. Chez le mouton, l'hypothèse d'une origine génétique de la tremblante, déjà évoquée par Comber en 1772, continue d'être soutenue par un éminent vétérinaire tel que Parry, qui se refuse à considérer cette maladie comme contagieuse. Chez l'homme, l'existence de familles présentant de nombreux cas de maladie de Creutzfeldt-Jakob suggère également une origine génétique. Comment une maladie pourrait-elle être à la fois infectieuse et génétique ? Comme l'écrivait Sir Stewart Stockman en 1913, et c'était encore vrai à la fin des années 1960, « aucune maladie n'est connue qui soit à la fois héréditaire et contagieuse ».

L'autre groupe de faits, ce sont les échecs répétés dans l'identification de l'agent infectieux. Le fait que celui-ci traverse les filtres les plus fins exclut qu'il s'agisse d'une bactérie ou, à plus forte raison, d'un parasite ou d'un champignon microscopique. Selon la définition opérationnelle qui prévaut depuis le début du siècle, un agent infectieux traversant les filtres est un virus. Un virus, en principe, se voit au microscope électronique, se cultive sur des cultures de tissus, se purifie. C'est à cela que vont désormais s'attacher les chercheurs. Cependant, pour comprendre leur démarche, il faut connaître le cadre conceptuel dans lequel ils vont évoluer, car ce cadre a beaucoup changé depuis le début du siècle, lorsque furent définis les concepts de virus et de gènes. Depuis, les sciences de la vie ont connu une véritable révolution, avec la naissance de ce que l'on appelle « la biologie moléculaire ». Cette science, pour l'essentiel, a émergé entre 1950 – c'était l'année où Vincent Zigas arrivait en Papouasie-Nouvelle-Guinée – et la fin des années 1960, au moment où Gajdusek venait de réussir à transmettre la maladie de Creutzfeldt-Jakob à des chimpanzés.

On a dit que la biologie moléculaire a permis de découvrir le secret de la vie. Ce secret, quel est-il ? Qu'est-ce qu'un un être vivant ? Il *est*, il *fait*, il *se reproduit*. Il *est*, autrement dit, c'est un être matériel constitué d'atomes et de molécules. Il *fait*, c'est-à-dire qu'il exerce un certain nombre de fonctions. Il *se reproduit*, soit de façon végétative, comme le fait par exemple une bactérie qui croît, se divise, et donne naissance à deux bactéries-filles identiques à elle-même, soit de manière sexuée. Connaître le secret de la vie, c'est comprendre ce qui permet à un être vivant d'être, de faire, et de se reproduire.

Un coin du voile avait été soulevé par Mendel au milieu du XIXe siècle et après lui, au début du XXe, par les créateurs de la génétique : le secret de la vie réside dans les gènes. Ceux-ci possèdent deux propriétés essentielles : faire savoir à chaque cellule ce qu'elle doit être et ce qu'elle doit faire, et se reproduire identiques à eux-mêmes pour être transmis au cours des générations successives. Mais le gène n'était qu'un concept ; il restait à savoir de quoi il était constitué, et comment il remplissait ses fonctions.

C'est de la rencontre entre la microbiologie de Pasteur et la génétique de Mendel que devait venir la lumière.

Avant de rappeler ce qu'ont été les découvertes fondatrices de la biologie moléculaire, il importe de revenir brièvement sur les constituants des êtres vivants. Ceux-ci, si l'on excepte les virus, sur lesquels nous reviendrons, sont constitués de cellules, lesquelles sont composées de molécules. Certains types de molécules sont présents dans toutes les cellules vivantes, alors que d'autres sont spécifiques à certains types cellulaires. Certaines molécules, notamment celles qui sont ubiquitaires, sont relativement simples, c'est-à-dire qu'elles sont formées d'un petit nombre d'atomes, de l'ordre de quelques dizaines, alors que d'autres molécules sont beaucoup plus complexes, formées de plusieurs centaines, voire de milliers d'atomes. Ces dernières, les macromolécules, sont en fait des assemblages, des polymères, de molécules plus petites reliées entre elles par des liaisons chimiques. Ainsi, par exemple, l'amidon, macromolécule constituant l'essentiel de la matière présente dans la pomme de terre ou les grains de céréales, est un polymère constitué de dizaines, voire de centaines d'exemplaires d'une molécule de petite taille, le glucose, un sucre qui contient six atomes de carbone, six atomes d'oxygène et douze atomes d'hydrogène.

Pour vivre et se développer, toute cellule prélève dans son environnement, sous forme d'aliments, les molécules contenant les différents atomes dont elle a besoin, et les transforme en ses propres constituants. Cela suppose la mise en œuvre d'un très grand nombre de réactions chimiques impliquées, d'une part, dans la dégradation des aliments pour donner des petites molécules facilement assimilables et, d'autre part, dans la fabrication, la synthèse, des constituants de la cellule à partir de celles-ci. En première analyse, une cellule se caractérise par l'ensemble des réactions chimiques qu'elle peut effectuer, et donc des constituants qu'elle peut synthétiser. En général, ces réactions chimiques ne se produisent pas toutes seules : elles nécessitent chacune la présence d'un catalyseur particulier. Or, depuis la fin du XIXe siècle, on sait que les catalyseurs biologiques sont les enzymes [1], lesquelles sont elles-mêmes des macromolécules faisant partie d'une classe particulière, les protéines.

Une cellule est donc définie par l'ensemble des enzymes qu'elle contient.

Dans ce cas, une idée paraît s'imposer d'emblée : si les gènes définissent les caractéristiques d'une cellule, les gènes doivent, d'une manière ou d'une autre, gouverner la formation des enzymes.

Évidente rétrospectivement, cette idée ne l'était pas au début des années 1940, lorsque les Américains George

Beadle et Edward Tatum la firent émerger de façon claire. Initialement, rappelons-le, les gènes avaient été définis comme le support de caractères héréditaires, tels que la couleur des grains chez le pois. Ces caractères présentaient une variabilité naturelle : lorsqu'on cultivait une race de pois ayant des grains d'une certaine couleur, on voyait apparaître de temps à autre un plant dont les pois avaient une autre couleur. Ce changement a été qualifié de « mutation ». L'existence du gène était donc reconnue par le fait qu'il pouvait être le site de mutations conduisant à la modification d'un caractère. C'était là une existence quelque peu immatérielle. Les expériences de Beadle et Tatum devaient lui donner un peu plus de substance.

Leur succès eut deux causes : d'une part, ils choisirent un organisme unicellulaire, en l'occurrence un champignon microscopique, se développant beaucoup plus rapidement que les pois de Mendel ; d'autre part, ils s'intéressèrent à des caractères beaucoup plus faciles à définir en termes chimiques que ne l'était la couleur des pois. Ces caractères étaient liés à la faculté qu'avait le micro-organisme de synthétiser lui-même la plupart des petites molécules nécessaires à sa croissance. Beadle et Tatum obtinrent des mutants incapables de synthétiser l'une ou l'autre de ces molécules, qu'il fallait donc inclure dans le milieu de culture pour assurer la croissance des mutants. Ils comprirent que la perte, par mutation, de cette capacité de synthèse, résultait, dans chaque cas, de l'incapacité à réaliser une réaction chimique du fait de l'absence d'une enzyme spécifique. Chaque gène, défini par le fait qu'il peut être inactivé par mutation, devait donc être responsable de la formation d'une enzyme.

Ces gènes, spécifiant l'équipement enzymatique de la cellule, de quoi étaient-ils donc faits ? La réponse allait venir en deux temps, également autour des années 1940.

La voie fut ouverte par un microbiologiste, Fred Griffith, qui suivait de très près les traces de Pasteur. Il s'intéressait à une bactérie découverte par ce dernier, le pneumocoque, susceptible de provoquer des pneumonies très graves. Souhaitant mettre au point un vaccin protégeant contre cette bactérie, il obtint une variété atténuée de cette dernière, comme Pasteur l'avait fait pour le charbon. Un jour de 1932, espérant améliorer l'efficacité de son vaccin, il inocula à une souris non seulement la souche atténuée de pneumocoque mais également des bactéries virulentes tuées par la chaleur. À sa très grande surprise, la souris mourut rapidement de pneumonie. C'était là un fait étrange, car ni les bactéries atténuées ni les bactéries virulentes tuées n'étaient capables à elles seules de provoquer la maladie. Après avoir effectué les vérifications qui s'imposaient, Fred Griffith parvint à cette conclusion stupéfiante : les bactéries virulentes tuées apportaient « quelque chose » aux bactéries atténuées, qui leur rendait leur virulence. Ce « quelque chose », qui ne faisait rien de moins que changer un caractère héréditaire de la bactérie atténuée, reçut le nom de « facteur transformant ». Tout se passait comme si l'on apportait à la bactérie atténuée un gène de virulence qui lui manquait, comme si le facteur transformant était ce gène. Si ce facteur pouvait être purifié à partir d'un extrait de bactéries virulentes, peut-être saurait-on de quoi étaient faits les gènes.

C'est le pari que prirent et gagnèrent Oswald Avery et ses collaborateurs à l'Institut Rockefeller de New York. Ils publièrent leurs résultats en 1944. Leur article, remarquable de rigueur et de modestie, est devenu l'un des plus importants de l'histoire des sciences : le facteur transformant était inséparable d'un composé macromoléculaire appelé « acide désoxyribo-nucléique » ou « ADN ». Fait intéressant, on savait depuis longtemps que ce type de polymère se trouvait dans le noyau des cellules, là où se trouvent aussi les chromosomes censés porter les gènes. Jusqu'alors, cependant, nul n'avait attribué de rôle vraiment important à cette macromolécule, que l'on savait être un polymère non pas d'une seule petite molécule comme l'amidon, mais de quatre petites molécules, des « bases nucléiques » ayant pour noms « adenine », « thymine », « guanine » et « cytosine », que l'on abrège en A, T, G et C.

Les gènes seraient donc constitués d'ADN.

Cette macromolécule commença dès lors à beaucoup intéresser la communauté scientifique.

Elle intéressa en particulier deux chercheurs un peu atypiques, de personnalité très différente, qui travaillaient en Angleterre, plus précisément à Cambridge, au Cavendish Laboratory, un laboratoire spécialisé dans l'étude de la structure des molécules par diffraction des rayons X. Ces chercheurs se nommaient James Watson et Francis Crick. L'histoire de leur découverte a souvent été racontée, en particulier par Watson lui-même dans un livre intitulé *La Double Hélice*.

Une double hélice, c'était bien en effet la structure qu'ils proposaient pour l'ADN. Pourtant, si ce n'était que cela, hormis le côté esthétique de la chose, cela n'aurait pas beaucoup éclairé le fonctionnement des gènes. L'important, c'était la structure interne de cette double hélice. Selon eux, la molécule d'ADN serait comme un escalier en colimaçon dont les marches seraient des paires de bases nucléiques. Chaque base serait attachée par une liaison chimique solide (dite « covalente ») à l'un des montants, à l'une des rampes de l'escalier, et serait par ailleurs associée par des liaisons chimiques faibles (dites « hydrogène ») à une base attachée à l'autre rampe. Un point fondamental en est qu'une base donnée ne peut s'associer par les liaisons faibles qu'à un seul type d'autre base : A ne peut s'associer qu'avec T et *vice versa* ; G ne peut s'associer qu'avec C et *vice versa*. Les marches de l'escalier sont donc toutes des marches AT ou

TA, GC ou CG. Ces associations sont les seules possibles du fait de la structure des bases en question. Watson et Crick ont conscience de la très grande portée de la structure qu'ils proposent, comme cela transparaît dans la dernière phrase de l'article d'une page qu'ils publient en avril 1953 dans la revue *Nature*, et qui constitue l'une des plus célèbres litotes de la littérature scientifique :

« Il ne nous a pas échappé que l'appariement spécifique que nous avons postulé suggère immédiatement un mécanisme possible pour la reproduction du matériel génétique [2]. »

Derrière cette litote typiquement britannique (même si l'un des deux auteurs, Watson, est américain) se cachent deux idées forces, qui seront les fondements de la biologie moléculaire.

La première est que, si l'on ouvre la double hélice en séparant les bases de chaque paire, comme on ouvrirait une fermeture Éclair, chacun des brins ainsi formés pourrait dicter l'ordre dans lequel des bases nucléiques libres dans la cellule se polymériseraient en face de lui, les A, T, G et C libres se positionnant systématiquement en face, respectivement, des T, A, C et G du brin en question. Le résultat serait la formation de deux doubles hélices identiques à la première, et donc la réplication du matériel génétique.

La seconde idée force, sous-jacente mais non exprimée, est que l'ordre dans lequel se succèdent les quatre paires de base, AT, TA, GC, CG, dans la double hélice est susceptible de constituer un code dans lequel serait inscrite l'information permettant la synthèse des protéines.

Ces prédictions ont été amplement vérifiées par la suite.

Le code a été déchiffré, la « lettre » du code étant une succession de trois paires de bases, que l'on appelle un « triplet ». (Il existe soixante-quatre triplets possibles.)

L'ordre dans lequel se trouvent les triplets sur l'ADN détermine celui dans lequel se polymérisent les éléments qui constituent les protéines, nommés « acides aminés », et dont il existe vingt types.

Les mécanismes qui permettent la lecture du code ont été élucidés. Ils font intervenir deux étapes. Dans la première, la « transcription », une ouverture transitoire de la double hélice s'accompagne de la synthèse de plusieurs copies conformes du gène, sous la forme d'une macromolécule très semblable à l'ADN mais constituée d'un simple brin et non d'une double hélice, et qu'on appelle « ARN messager ». Dans la deuxième étape, la « traduction », interviennent des « adaptateurs », qui d'un côté reconnaissent un triplet, et de l'autre l'acide aminé correspondant. Ils permettent d'aligner les acides aminés dans l'ordre dicté par l'alignement des triplets sur l'ARN messager. Cette étape de traduction a lieu sur des édifices macromoléculaires très complexes que l'on nomme « ribosomes ».

Les protéines sont donc synthétisées sous la forme de polymères linéaires d'acides aminés dont la nature et l'ordre leur donnent leur spécificité. Cependant, elles ne restent pas sous la forme d'un fil plus ou moins rectiligne flottant dans la cellule. Le fil se replie sur lui-même, s'embobine, si l'on peut dire, pour donner une structure compacte de géométrie parfaitement définie. C'est sous cette forme que la protéine a son activité biologique lui permettant de catalyser une réaction chimique spécifique s'il s'agit d'une enzyme.

Ainsi, un gène n'est plus seulement une perle dans un collier, c'est un segment de double hélice dans lequel la séquence des paires de bases détermine la séquence des acides aminés dans une protéine. Les mutations correspondent à des modifications dans la séquence des bases, parfois simplement le remplacement d'une base par une autre, ou bien la suppression ou l'addition de plusieurs bases consécutives qui entraînent une modification de la séquence des acides aminés dans la protéine codée par ce gène. Si cette protéine est une enzyme, son activité de catalyseur pourra alors être perdue ou modifiée.

Dans toutes les cellules vivantes, les gènes sont constitués d'ADN, que portent les chromosomes. Pour décoder l'information inscrite dans ces gènes, les cellules, nous l'avons vu, disposent d'une machinerie très complexe. Cela est vrai tant pour les cellules d'organismes multicellulaires comme les animaux et les plantes que pour les organismes unicellulaires microscopiques tels que les bactéries.

La situation est différente, en revanche, pour les virus. Ceux-ci sont en effet très particuliers : ce sont des parasites absolus. Schématiquement, ils sont constitués d'un acide nucléique, protégé du milieu extérieur par une enveloppe contenant des protéines qui leur sont spécifiques. Ils possèdent des gènes mais, n'ayant pas la machinerie nécessaire pour décoder eux-mêmes l'information qu'ils contiennent, ils les injectent dans une cellule. Celle-ci décode alors les gènes du virus comme s'il s'agissait des siens, synthétisant tous les composants nécessaires à la multiplication du virus en question, y compris les protéines spécifiques de son enveloppe.

Voilà brièvement résumé ce que savaient les chercheurs à la fin des années 1960, lorsqu'ils se mirent en quête de l'agent infectieux responsable du Mal. Par élimination, ce ne pouvait être qu'un virus, et si c'était le cas, il devait contenir un acide nucléique.

XII

UN VIRUS FANTÔME

Février 1966. C'est le mois où Gajdusek publie ses résultats sur la transmission au chimpanzé du kuru, lequel, comme l'avait suggéré Hadlow, se révélait ainsi semblable à la tremblante. C'est aussi le mois où paraît un article qui va plonger la communauté scientifique dans la perplexité. Que savait-on alors du ou des « virus » responsables de ces maladies ? Concentrons-nous sur celui de la tremblante, sur lequel on disposait de l'information la plus complète. À bien des égards, ce « virus » apparaissait déjà comme très atypique, par sa capacité à ne pas déclencher une réaction du système immunitaire, par son comportement lors des essais de purification, et surtout par son extrême résistance à divers agents physiques et chimiques.

Lorsque Bertrand, Lucam et Carré notaient en 1937 qu'il n'existait aucune réaction thermique pendant la maladie, ils soulignaient un point qui n'a cessé de troubler les vétérinaires, et qui troubla également les médecins qui se sont penchés sur le kuru et la maladie de Creutzfeldt-Jakob. C'était en effet une indication que l'hôte infecté ne mettait pas en place les mécanismes de défense dont il dispose normalement pour éliminer tout corps étranger ; il ne paraissait pas mobiliser son « système immunitaire ». L'absence de réaction inflammatoire chez les patients atteints de kuru, autre indication de l'absence de réaction immunitaire, avait contribué à faire en sorte que Zigas et Gajdusek renoncent provisoirement à l'hypothèse d'une origine virale de la maladie. Une façon plus directe de détecter une réaction immunitaire consiste à rechercher la présence, chez l'hôte infecté, d'anticorps dirigés contre l'agent infectieux. Les anticorps sont des protéines dont la synthèse est induite dès qu'un corps étranger, par exemple une bactérie ou un virus, ou simplement une macromolécule, s'introduit à l'intérieur d'un animal vertébré. Ces anticorps ont une affinité particulière pour cet intrus, ils se collent à lui, ce qui peut avoir pour effet de l'inactiver, et l'entraînent vers des cellules spécialisées qui le détruisent. Ces anticorps se trouvent dans le sang et leur présence peut être reconnue par de multiples techniques. Dans le cas de la tremblante, comme dans ceux du kuru et de la maladie de Creutzfeldt-Jakob, aucune trace d'anticorps spécifique à la maladie n'a pu être trouvée. Certains agents infectieux ont pour stratégie d'empêcher le système immunitaire de fonctionner. Cette hypothèse ne pouvait être retenue dans le cas de l'agent de la tremblante, car les animaux atteints avaient une réponse immunitaire normale envers toute molécule ou particule étrangère qu'on leur injectait. Le système immunitaire fonctionnait, mais il ne « voyait » pas le « virus » de la tremblante.

Le Mal prenait ainsi figure d'un être immatériel, d'un fantôme. Il pénétrait dans l'organisme, cette citadelle pourtant si bien défendue, sans être vu des sentinelles chargées de le protéger.

L'absence de réaction immunitaire privait par ailleurs les chercheurs d'un puissant moyen d'investigation. Les anticorps, en effet, constituent des outils de diagnostic, de détection de l'agent infectieux, extrêmement spécifiques et d'usage commode. Faute d'un tel outil, la seule solution était le dosage du « virus » par son effet biologique, c'est-à-dire par sa capacité à déclencher la maladie chez l'animal. Même si, en 1966, les souris avaient remplacé les moutons et les chèvres, un tel dosage restait long, imprécis et coûteux. Cela n'avait pas empêché certains chercheurs courageux de tenter de purifier l'agent dans l'espoir d'en étudier la composition, la structure, et si possible de le voir au microscope électronique.

Cette fois encore, malheureusement, ils n'avaient eu que des déboires. Les techniques de séparation tirent parti des différences de taille, de masse, de charge, de solubilité, que présentent les différents composants cellulaires. Que l'on utilise l'un ou l'autre de ces critères, un composant donné se retrouve en principe dans une fraction spécifique, correspondant à ses propriétés. L'agent de la tremblante, lui, avait tendance à se retrouver un peu dans toutes les fractions. L'impression qui prévalait était qu'il était associé à des fragments de membranes. Les membranes, composées de corps gras (les lipides), de protéines et de sucres, constituent l'enveloppe des cellules. On les trouve également à l'intérieur des cellules, limitant diverses structures intracellulaires, telles que le noyau. Ces membranes donnent naissance à des fragments de tailles variables lorsque les cellules sont détruites pour préparer des extraits, et ces fragments, parce que ce sont des corps gras, ont tendance à « coller » partout. Bref, avec les techniques de l'époque, personne n'était parvenu à purifier de façon satisfaisante le virus de la tremblante.

Faute de pouvoir le purifier, on devait pouvoir se faire une idée de sa composition en recherchant à quoi il était sensible. Le premier résultat en la matière avait été obtenu, on s'en souvient, par Gordon à la fin des années 1930, et à ses dépens. Celui-ci avait en effet constaté qu'un vaccin contre le *louping ill*, traité avec du formol, avait transmis la tremblante aux moutons vaccinés. L'agent de la tremblante, contrairement à tous les virus connus, résistait donc au formol. Au début des années 1950, un vétérinaire de l'Institut Moredun, peu connu parce qu'il a peu publié mais qui a eu un rôle important dans l'étude de la tremblante, D.R. Wilson, avait montré que ce virus était étonnamment peu sensible à une série d'agents physiques et chimiques. Ainsi, par exemple, le virus résistait à la dessiccation et aux températures élevées ; il n'était pas détruit par une incubation de trente minutes à cent degrés.

Un bien étrange « virus » que celui de la tremblante, en vérité !

C'est alors que fut publié, en février 1966, l'article qui devait plonger les spécialistes dans la perplexité. Cet article, signé par Tikvah Alper et ses collaborateurs, accrut encore le mystère entourant la nature de l'agent de la tremblante. Ces auteurs ont tout d'abord utilisé ce « fusil » anti-molécules que constituent les accélérateurs d'électrons. Envoyés avec une énergie suffisante sur du matériel biologique, les électrons y détruisent plus ou moins indistinctement toutes les liaisons chimiques. Plus la cible visée est grande, plus petite est la dose d'électrons nécessaire pour la détruire. Un bataillon de tirailleurs tirant tous au fusil dans la même direction a beaucoup plus vite fait d'atteindre un éléphant qu'une mouche ! Inversement, d'après la dose d'électrons nécessaire pour détruire une activité biologique, on peut avoir une idée de la taille de la structure porteuse de cette activité. En 1966, la validité de cette approche avait déjà été vérifiée, notamment avec des virus dont la taille avait été évaluée indépendamment par d'autres méthodes. Appliquée à l'agent de la tremblante, elle conduisit à la conclusion que sa taille était de l'ordre de celle attendue pour une protéine, c'est-à-dire beaucoup plus petite que celle de tous les virus connus. Ces derniers, rappelons-le, sont constitués d'un acide nucléique entouré d'une enveloppe contenant plusieurs protéines ainsi que, pour certains d'entre eux, d'autres composés tels que des lipides et des sucres.

Dans une deuxième expérience, Alper et ses collaborateurs utilisèrent, non pas un fusil à électrons, mais un fusil à photons : ils soumirent leurs échantillons à une irradiation ultraviolette. Plus précisément, ils utilisèrent une longueur d'onde absorbée spécifiquement par les acides nucléiques. Envoyé à forte dose ce rayonnement ultraviolet détruit les acides nucléiques. C'est d'ailleurs la base d'une méthode de stérilisation utilisée de façon courante, qui inactive le matériel génétique de tous les microbes. Les chercheurs eurent alors la surprise de constater que l'agent de la tremblante résistait totalement à des doses de rayonnement quarante fois plus élevées que des doses inactivant à 99 % les plus petits virus connus. Je vous livre leur conclusion :

« Le fait qu'aucune inactivation ne résulte de l'exposition à une dose considérable de lumière ultraviolette, à la longueur d'onde absorbée spécifiquement par les acides nucléiques, suggère que l'agent (de la tremblante) pourrait être capable de s'accroître en quantité (se multiplier) sans contenir lui-même d'acides nucléiques [1]. »

Stupeur et incrédulité dans les rangs des biologistes.

Pourtant, dans un deuxième article, intitulé « L'agent de la tremblante se réplique-t-il sans acide nucléique ? », les auteurs persistent et signent. Selon leurs propres termes, l'agent de la tremblante est « transparent » au rayonnement ultraviolet, du moins à la longueur d'onde qu'ils utilisent, celle qui détruit les acides nucléiques. Bombarder l'agent de la tremblante avec des rayons ultraviolets, c'est comme tirer au fusil sur un fantôme. Non contents de remettre ainsi en cause le dogme central de la biologie moléculaire, selon lequel les acides nucléiques sont le seul support possible de l'hérédité, ils attirent l'attention sur l'insuffisance des méthodes pasteuriennes de stérilisation, en cas de contamination par un agent infectieux du type de celui de la tremblante.

Vient alors l'ère des spéculations. Beaucoup, la grande majorité sans doute, refusent de se laisser convaincre par les observations de Alper et ses collaborateurs. On ne doit pas s'en étonner, car la littérature scientifique fourmille d'erreurs, de fausses interprétations, et il est toujours difficile de renoncer aux dogmes. Certains, cependant, commencent à s'interroger sur la possibilité que des molécules ou des particules dépourvues d'acides nucléiques puissent présenter un caractère infectieux. Parmi eux, on se doit de citer un mathématicien, qui vient au secours des biologistes. Son nom est John Griffith, différent du Fred Griffith qui a découvert le facteur transformant. John Griffith expose, dès 1967, deux mécanismes selon lesquels une protéine pourrait présenter un caractère infectieux. Se référant sans doute au désarroi des biologistes de l'époque, il déclare d'emblée :

« Il n'y a pas de raison de craindre que l'existence d'un agent infectieux protéique entraîne l'effondrement de l'édifice conceptuel de la biologie moléculaire [2]. »

L'un des deux mécanismes proposés par Griffith s'inspire des travaux de l'École pasteurienne au sujet de la régulation de l'expression des gènes. François Jacob et Jacques Monod étaient partis de l'observation que, chez les bactéries, certains gènes ne sont décodés, on dit souvent « exprimés », que dans certaines conditions. Ils avaient alors démontré que, à côté des gènes codant pour des enzymes, il existait des gènes dits « régulateurs », dont la fonction était de contrôler l'expression des autres gènes.

Ainsi, selon la première hypothèse de Griffith, l'agent de la tremblante pouvait être une protéine douée d'une double fonction : d'une part, une fonction toxique responsable de la maladie, et d'autre part, directement ou indirectement, l'induction de sa propre synthèse. Autrement dit, le gène de cette protéine serait présent dans les cellules de l'organisme, mais il resterait normalement silencieux peut-être parce qu'un « répresseur » produit par un gène régulateur l'empêcherait de s'exprimer. Si la protéine, suite à une infection, pénétrait dans la cellule, elle pourrait contrecarrer l'action du répresseur, de telle sorte que le gène pût s'exprimer et que des quantités importantes de la protéine puissent être synthétisées. On voit qu'ainsi, effectivement, une protéine douée de telles propriétés « augmenterait en quantité sans contenir d'acide nucléique », pour reprendre l'expression de Alper et ses collaborateurs.

L'autre mécanisme proposé par Griffith faisait intervenir la notion que les protéines, une fois « embobinées », s'associent souvent avec leurs semblables, soit par deux, pour former des « dimères », soit en plus grand nombre, pour former des trimères, tetramères, etc. L'idée de Griffith était que la protéine potentiellement infectieuse existerait dans les cellules, mais sous une forme non associée, un monomère non toxique. Elle serait incapable de donner naissance par elle-même à une forme dimère, seule toxique. Si, par contre, elle était mise en présence d'un dimère toxique pénétrant dans la cellule, elle pourrait s'associer à celui-ci pour donner un trimère, puis un tétramère, lequel pourrait se dissocier en deux dimères. Un dimère toxique aurait ainsi donné naissance à deux dimères toxiques, lesquels donneraient à leur tour naissance, par le même mécanisme, à quatre dimères toxiques, et ainsi de suite. En résumé, une forme non toxique de la protéine pourrait devenir toxique au contact de la forme toxique. Cette hypothèse était prémonitoire.

Cependant, en cette fin de la décennie 1960, en dépit de ces spéculations, le mystère reste complet quant à la nature de l'agent de la tremblante et des maladies humaines apparentées. La situation ne va guère changer au cours des dix années qui vont suivre. Pendant cette période, dans un domaine complètement différent de la médecine, un drame va se nouer. Une avancée spectaculaire en endocrinologie pédiatrique va faire le lit d'une contre-attaque du Mal. Pour comprendre ce qui s'est passé, il nous faut revenir en 1959.

XIII

UN DRAME SE NOUE

Rappelons où en est la traque du Mal en 1959. Les vétérinaires britanniques ont transmis la tremblante à la chèvre, mais pas encore à la souris. Les articles de Creutzfeldt et Jakob dorment dans les bibliothèques. Gajdusek quitte les Forés et prend connaissance de l'hypothèse de Hadlow établissant un parallèle entre la tremblante et le kuru.

1959, ce sont aussi les débuts du triomphe de la biologie moléculaire. Watson et Crick ont publié leur article historique six ans plus tôt. Jacob et Monod publient leurs premiers travaux sur la régulation de l'expression des gènes.

C'est dans ce contexte que va commencer le traitement de certains types de nanisme avec de l'hormone de croissance extraite d'hypophyses humaines.

Les hormones sont des messagers chimiques jouant un rôle essentiel dans l'harmonisation du développement et du fonctionnement des êtres multicellulaires, en particulier de l'homme et des animaux. Sécrétées par des glandes dites « endocrines [1] », elles sont de nature chimique très variée. L'insuline, par exemple, est une protéine alors que les hormones sexuelles sont des stéroïdes, molécules complexes de la même famille que le cholestérol. Une fois déversées dans le courant sanguin, les hormones trouvent leurs cellules cibles, celles qu'elles doivent activer (en grec, *hormôn* signifie « exciter ») grâce au fait que celles-ci possèdent des récepteurs spécifiques, généralement de nature protéique. L'interaction entre l'hormone et son récepteur enclenche alors un processus biochimique qui conduit la cellule cible à accomplir une fonction particulière. Un exemple bien connu est celui de l'insuline.

Cette hormone est sécrétée par certaines cellules du pancréas. C'est une petite protéine composée d'une cinquantaine d'acides aminés, dont la fonction consiste à réduire le taux de glucose dans le sang. Pour ce faire, elle agit sur un grand nombre de types cellulaires en stimulant leur capacité à capter ce sucre et à le dégrader. Une déficience en insuline entraîne une maladie grave, rapidement mortelle si elle n'est pas soignée, le diabète dit « insulinodépendant ». Un traitement efficace de cette maladie a été mis au point dès 1921 par des injections d'insuline d'origine animale.

Le traitement du diabète par l'insuline a sans aucun doute constitué un résultat très encourageant pour ceux qui ont cherché un traitement du nanisme hypophysaire.

L'hypophyse, qu'on appelle aussi « glande pituitaire », est une petite glande endocrine située à la base du cerveau, auquel elle est liée par un fin pédoncule. Elle occupe une position clé à l'interface du système nerveux et du système endocrinien. On dit parfois que cette glande est le « chef d'orchestre des glandes endocrines ». Elle synthétise en effet plusieurs hormones qui contrôlent l'activité d'autres glandes endocrines, par exemple l'hormone thyréotrope, qui contrôle l'activité de la thyroïde ou l'hormone corticotrope qui contrôle la production d'hormones par les glandes surrénales.

Le rôle que joue l'hypophyse dans la croissance a été mis en évidence au début du XXe siècle. Des expériences réalisées en 1916 ont montré que l'ablation de l'hypophyse chez des têtards provoquait l'arrêt de leur croissance. Ce défaut pouvait être corrigé par l'injection d'extraits d'hypophyse. Quelques années plus tard, en 1921, d'autres chercheurs ont montré que l'injection d'extraits d'hypophyse de bœuf à des rats induisait un gigantisme alors que l'ablation de l'hypophyse arrêtait la croissance du chien. L'hypophyse devait donc produire une hormone stimulant la croissance. Utilisant comme test la capacité à stimuler la croissance chez des rats auxquels on avait retiré cette glande, on a purifié cette hormone à partir de l'hypophyse de divers animaux. Cette hormone de croissance, aussi appelée « somatotropine », s'est révélée être une protéine constituée d'une chaîne de cent quatre-vingt-onze acides aminés.

Chez l'homme, la croissance dépend de multiples facteurs, génétiques ou environnementaux. Ainsi, par exemple, il existe une certaine corrélation entre la taille des parents et celle des enfants, mais des facteurs comme l'alimentation jouent également un rôle très important. La croissance se déroule en principe d'une façon harmonieuse et prévisible. Dans nos pays, où les enfants sont régulièrement suivis par un pédiatre, l'un des premiers gestes de celui-ci lors d'une consultation est de mesurer l'enfant pour s'assurer qu'il grandit normalement. En effet, tout écart significatif par rapport aux courbes normales pourrait manifester un trouble pathologique. Dans certains cas, il s'est avéré que le retard de croissance était dû à un déficit en hormone de croissance.

Lorsqu'il existe, ce déficit peut être total ou partiel. Il peut résulter de tumeurs sous-hypophysaires ou de traumatismes crâniens, mais, le plus souvent, il est d'origine inconnue. Les médecins cachent alors leur ignorance sous un mot savant, et la maladie est qualifiée d'« idiopathique ».

Le déficit en hormone de croissance, surtout lorsqu'il est total, a des conséquences très lourdes pour le patient. C'est le « nanisme hypophysaire », qui se traduit par une très petite taille à l'âge adulte, ne dépassant pas 1,20 à 1,40 mètres, mais aussi par des troubles métaboliques et parfois des malformations. C'est une maladie grave, tant par ses complications organiques que par son retentissement psycho-social.

Dès lors que l'hormone de croissance avait été identifiée et purifiée, comme c'était le cas au début des années 1950, la tentation était grande de tenter de l'utiliser pour traiter le nanisme hypophysaire suivant ainsi l'exemple du traitement du diabète insulino-dépendant par l'insuline. Les médecins allaient cependant se heurter à une grave difficulté. Dans le cas de l'insuline, en dépit des petites différences existant entre les séquences d'acides aminés de l'insuline humaine et des insulines de porc ou de bovin, ces dernières, faciles à obtenir, étaient actives chez l'homme. La situation se présentait autrement dans le cas de l'hormone de croissance. Les primates ne réagissaient qu'à l'hormone de croissance provenant de primates. Des singes auxquels on avait retiré l'hypophyse étaient insensibles à l'injection d'hormones de croissance d'origine porcine ou ovine. Un traitement du nanisme hypophysaire par l'hormone de croissance impliquait donc que celle-ci soit purifiée à partir de glandes d'origine humaine ou simienne. Vu l'impossibilité de disposer d'hypophyses de singes en quantité suffisante, la seule source possible était l'homme lui-même. On devait donc les prélever chez des personnes venant de décéder, comme cela se faisait déjà pour d'autres organes, la cornée par exemple.

Les premiers essais datent de la fin des années 1950. L'Américain Raben publie en 1957 une première méthode de purification de l'hormone à partir d'hypophyses humaines. Dans la mesure où l'hormone est destinée à un usage thérapeutique, il s'assure que sa méthode « inclut des étapes susceptibles de détruire bactéries et virus lors de l'extraction de l'hormone à partir de glandes dont l'origine est inconnue [2] ». L'année suivante, il rapporte que l'hormone ainsi préparée a été injectée par voie intramusculaire, à raison de deux à trois injections par semaine pendant dix mois, à un garçon de dix-sept ans souffrant de nanisme hypophysaire. Le traitement a été bien toléré et efficace, provoquant de façon immédiate une multiplication par cinq de la vitesse de croissance. Ce premier résultat très encourageant donne le signal d'une série de travaux dont devaient bénéficier des milliers d'enfants atteints de nanisme. Dès 1959, des traitements vont commencer aux États-Unis et en Grande-Bretagne.

Un premier objectif des médecins et des chercheurs fut ensuite d'améliorer la technique de purification. Plusieurs techniques furent décrites successivement. Elles permirent d'accroître la pureté du produit obtenu en le débarrassant notamment des autres hormones produites par l'hypophyse, d'accroître le rendement, ce qui était important vu la difficulté d'obtention des hypophyses humaines, et de réduire autant que possible les risques de contamination bactérienne ou virale. Processus long et complexe, la purification ne pouvait évidemment pas être réalisée à partir d'hypophyses individuelles. Les glandes recueillies dans les hôpitaux étaient d'abord stockées à l'état congelé, puis lorsque la quantité en était suffisante, elles étaient réunies et l'extraction faite sur l'ensemble. Selon les laboratoires, les extractions étaient effectuées sur des stocks allant de quelques centaines à quelques milliers d'hypophyses. Le chiffre de vingt mille a été cité pour des préparations faites aux États-Unis.

Par ailleurs, plusieurs études furent réalisées pour mettre au point le meilleur protocole de traitement, et déterminer l'efficacité de celui-ci. À ce titre, on se doit de citer une étude réalisée par un groupe de travail du *Medical Research Council* (MRC) en Grande-Bretagne. Commencée au début des années 1960, elle fut publiée en 1979. Elle concerne les quelque six cents patients traités avec une hormone préparée dans les laboratoires du MRC entre 1959 et 1976. Les résultats ne laissent aucun doute sur l'efficacité de cette approche thérapeutique, même si elle dépend de facteurs multiples, tels que la cause et la nature du déficit en hormone, l'âge au début du traitement ou sa durée. Ce type de thérapie constitue donc un indéniable succès. Cependant, les auteurs de l'étude s'inquiètent : « Si, comme on peut l'espérer, les patients sont plus jeunes lorsque le diagnostic est posé, et si un plus grand nombre de patients souffrant d'un déficit partiel sont identifiés, la demande risque de dépasser rapidement les capacités de production [3]. » C'est la rançon du succès. Cette inquiétude va devenir un leitmotiv chez les producteurs d'hormone, qu'il s'agisse d'organisations de type académique telles que le MRC, ou des sociétés pharmaceutiques qui se sont intéressées à ce marché. Dans un pays comme la Grande-Bretagne, le nombre d'enfants traités chaque année devait atteindre environ huit cents. Sachant qu'il fallait l'équivalent d'une cinquantaine d'hypophyses pour le traitement annuel d'un enfant, trente à quarante mille glandes étaient nécessaires chaque année.

En France, un petit nombre de pédiatres, encouragés par les exemples américain et britannique, ont commencé à faire appel à ce nouveau traitement dans le courant des années 1960. Ce n'était alors qu'à titre expérimental, et dans des conditions difficiles car l'hormone était rare. Les succès obtenus ont convaincu les médecins de l'intérêt qu'il y aurait à généraliser ce traitement à tous les enfants qui en auraient besoin. Cela supposait une production d'hormone en France, afin d'éviter de dépendre des hormones produites à l'étranger, rares et chères. C'est ainsi qu'en 1973, à l'initiative de pédiatres renommés, et des pouvoirs publics, fut créée l'Association France Hypophyse. Celle-ci fut chargée de coordonner et d'organiser un ensemble complexe d'opérations, allant de la collecte des hypophyses à la distribution de l'hormone en passant par la purification de cette dernière, sa mise en forme pharmaceutique et la sélection des patients retenus en priorité pour bénéficier du traitement. Jacques Monod, lauréat du prix Nobel de médecine, alors directeur de l'Institut Pasteur, avait accepté bien volontiers qu'un des laboratoires de l'Institut se chargeât des étapes d'extraction et de purification, car cela s'inscrivait dans la tradition des activités de service public que l'Institut pratiquait depuis sa création. Lorsqu'il prit cette décision, il ne semble pas avoir considéré qu'une telle activité pourrait présenter le moindre risque. En tout cas, certainement pas celui de transmettre la maladie de Creutzfeldt-Jakob.

De 1959 à 1985, le traitement à l'hormone de croissance donne toute satisfaction, sans complications. Il a un grand succès, et le nombre de candidats ne fait que croître. Le facteur limitant est la quantité d'hormone disponible, fonction du nombre d'hypophyses que l'on peut collecter. En 1985, le nombre total d'enfants auxquels a été administré ce traitement dans le monde entier se monte à environ vingt-cinq mille. Pour les premiers patients, vingt-cinq ans se sont écoulés depuis le début de leur traitement. Chacun se félicite de ce qui apparaît comme l'un des plus beaux succès de la médecine moderne.

Pourtant, le Mal a frappé, mais personne ne le sait encore. Le rêve va se transformer en cauchemar.

XIV

UN CAS SUR UN MILLION

Maladie rare, peut-être d'origine génétique, la maladie de Creutzfeldt-Jakob n'a intéressé qu'un très petit nombre de médecins entre 1920 et 1960. Cet intérêt a cependant été suffisant pour que s'accumulent les données sur des patients suivis dans divers pays. Dans le courant des années 1960, des controverses se sont élevées, concernant l'unicité de la maladie. Certains, mettant en avant la diversité des manifestations cliniques et des lésions détectées lors de l'examen des tissus nerveux, étaient convaincus que nombre de maladies différentes se dissimulaient sous le vocable de maladie de Creutzfeldt-Jakob ; on a relevé jusqu'à seize noms différents pour les désigner ! D'autres, insistant au contraire sur les points communs, défendaient l'idée qu'il s'agissait bien d'une seule et même maladie. Il faudra attendre le début des années 1970, après que Gajdusek est parvenu à montrer le caractère transmissible de la maladie, pour que le point de vue de ces derniers commence à prévaloir. Les symptômes et les lésions du système nerveux étaient alors résumés comme suit par les spécialistes.

La maladie touche principalement les hommes et les femmes de quarante à soixante ans, et elle dure environ un an. Elle débute d'ordinaire de manière insidieuse, se caractérisant par de vagues malaises, tels que de l'anxiété, une difficulté à se concentrer ou à parler, des pertes de mémoire, des défauts dans la démarche. Après plusieurs semaines d'évolution, des symptômes plus prononcés apparaissent : paralysie de certains membres, tremblements, mouvements saccadés et involontaires, crises de type épileptique, et démence, c'est-à-dire perte des facultés mentales les plus évoluées, telles que la faculté de raisonner et la mémoire. Ces symptômes, dont l'importance relative varie selon les patients, traduisent une attaque diffuse de différents éléments du système nerveux central, dans le cerveau, le cervelet, le bulbe rachidien. Hors ces symptômes d'ordre neurologique, on n'observe ni fièvre, ni altération de la formule sanguine, ni modification des protéines du sérum ou du liquide céphalo-rachidien. L'électro-encéphalogramme, par contre, présente un tracé souvent caractéristique, qui aide à orienter le diagnostic.

L'évolution de la maladie est progressive, sans rémissions ni poussées. Durant la phase finale, le patient est dans un état misérable : stupeur, mutisme, paralysie plus ou moins prononcée, dysfonctionnement des fonctions vitales de base, puis rigidité et coma. La mort survient alors, parfois sans cause apparente ou du fait d'une infection, souvent pulmonaire.

L'aspect général du cerveau est normal, mais l'examen microscopique révèle un état spongieux de la substance grise dû à la présence de vacuoles tant à l'intérieur des neurones qu'au sein de la matière extracellulaire. Ce sont les foyers de dégénérescence jadis observés par Creutzfeldt et Jakob. Certains types cellulaires autres que les neurones, les astrocytes en particulier, sont hyperdéveloppés, en taille et peut-être en nombre.

Cet examen microscopique du tissu cérébral est essentiel pour confirmer le diagnostic. Il n'est en général effectué que lors de l'autopsie. Les biopsies sont en principe évitées, car elles risquent d'aggraver l'état du patient.

Devant les incertitudes qui concernaient le diagnostic même de la maladie, aucune étude épidémiologique sérieuse ne pouvait être envisagée avant le début des années 1970. Un point, cependant, devait être clarifié vers cette époque : si la maladie de Creutzfeldt-Jakob pouvait avoir un caractère familial, c'était loin d'être systématique. De nouveaux cas familiaux avaient été décrits, mais, le plus souvent, aucun autre cas ne pouvait être retrouvé dans la famille des malades, ni parmi les ascendants ni parmi les descendants. On parlait alors de cas « sporadiques ».

Durant les années 1970, les premiers résultats épidémiologiques commencèrent à paraître.

Tout d'abord, deux faits isolés attirèrent l'attention des spécialistes, deux cas de transmission interhumaine probable, faisant suite à des interventions chirurgicales.

Le premier concernait une Américaine de cinquante-cinq ans ayant reçu une greffe de cornée provenant d'un homme qui venait de décéder d'une pneumonie. Dix-huit mois plus tard, elle ressentait les premiers symptômes de ce qui devait être diagnostiqué comme une maladie de Creutzfeldt-Jakob et qui allait l'emporter. Or, il s'avéra que l'homme dont provenait la cornée avait lui aussi souffert d'une maladie de Creutzfeldt-Jakob. Il en avait montré certains symptômes mais le diagnostic final n'avait pu être porté que lors de l'autopsie effectuée après qu'eurent lieu le prélèvement et la greffe de cornée. Dans la courte note qui rapporta cette observation en 1974, une transmission de la maladie lors de la greffe fut présentée comme très probable.

Le deuxième cas, rapporté en 1977, concernait deux jeunes patients, une femme de vingt-trois ans et un garçon de dix-sept ans, qui souffraient initialement d'épilepsie.

Leur traitement avait nécessité le recours à des électro-encéphalographies impliquant l'insertion d'électrodes dans le cerveau. Deux ans et demi après cet examen, tous deux montraient les premiers signes d'une maladie de Creutzfeldt-Jakob. Du fait de la jeunesse inhabituelle des patients, la possibilité d'une contamination fut recherchée. Il s'avéra que deux des électrodes utilisées lors des électroencéphalographies avaient été utilisées quelques semaines plus tôt lors de l'examen d'une femme de soixante-neuf ans atteinte de la maladie. Certes, ces électrodes avaient été stérilisées, comme à l'habitude, avec de l'alcool et du formol, mais ce procédé, on le savait, était de peu d'effet sur l'agent de la maladie de Creutzfeldt-Jakob. Cette fois encore, on conclut donc à la transmission probable de cet agent.

Suite à ces transmissions probables, qualifiées de « iatrogènes », ce qui signifie qu'elles ont été causées par un acte médical, des précautions ont été édictées à l'intention des neuropathologistes et des chirurgiens dans la manipulation du matériel biologique provenant de patients atteints de la maladie de Creutzfeldt-Jakob, ou susceptibles de l'être.

En 1973, un groupe de chercheurs étudiant l'épidémiologie de cette maladie en Israël fit une observation surprenante. Alors que, en moyenne, la prévalence de cette maladie y était de un cas par million d'habitants environ, elle était trente fois plus élevée chez les juifs d'origine libyenne. À quoi pouvait-on attribuer cette fréquence étonnante ? Gajdusek et ses collaborateurs firent une suggestion : ces juifs pourraient avoir été contaminés par l'agent de la tremblante en consommant des yeux de moutons grillés, considérés comme une friandise par certaines populations d'Afrique du Nord, notamment en Libye. Cette hypothèse supposait, en particulier, que l'agent de la tremblante fût présent dans les yeux. Or, nous venons de le voir, il se trouvait qu'un cas probable de transmission de maladie de Creutzfeldt-Jakob par une greffe de cornée venait d'être rapporté. D'abord sceptiques, parce que les juifs d'origine libyenne ne sont pas les seuls à consommer des yeux, ni surtout de la cervelle de mouton, les chercheurs concernés ont par la suite été acquis à cette hypothèse. Ces chercheurs furent suffisamment convaincus pour suggérer, sur la base de quelques observations additionnelles faites en dehors d'Israël, que, de façon générale, la maladie de Creutzfeldt-Jakob pourrait être due à la consommation d'animaux atteints de tremblante.

Pour partie au moins, cette idée était prémonitoire : vingt ans plus tard, la transmission du Mal de la vache à l'homme, par voie alimentaire, allait être au centre de l'actualité.

Pourtant, les observations qui étaient à l'origine de cette idée devaient recevoir une autre interprétation, qui n'avait rien à voir avec la consommation de cervelle ou d'yeux de moutons. Cette nouvelle interprétation commença à se faire jour en 1979, avec les premières indications que le nombre élevé de cas de Creutzfeldt-Jakob parmi les juifs d'origine libyenne vivant en Israël pouvait avoir une origine génétique. Nous aurons l'occasion d'y revenir.

La première étude épidémiologique d'une certaine envergure fut publiée en 1979 par un groupe de chercheurs incluant Gajdusek. Partant de l'analyse des dossiers de mille quatre cent trente-cinq malades, cette étude apporta des conclusions qui, pour l'essentiel, sont encore valables aujourd'hui :

– La maladie de Creutzfeldt-Jakob existait dans tous les pays où des données étaient accessibles.

– La mortalité annuelle par maladie de Creutzfeldt-Jakob dans tous ces pays était de 0,5 à 1 par million d'habitants.

– Les cas étaient répartis géographiquement de façon aléatoire, à quelques exceptions près (au nombre de cinq à l'époque) où l'on avait constaté une concentration de cas dans une région particulière, ainsi chez les juifs d'origine libyenne en Israël.

– 15 % des cas se trouvaient dans des familles dont au moins deux membres étaient ou avaient été touchés ; c'étaient les cas dits « familiaux ».

Les auteurs se sont alors concentrés sur l'origine possible de la maladie, envisageant d'une part la possibilité de contagion interhumaine, et d'autre part une contamination par voie alimentaire, en supposant que la maladie de Creutzfeldt-Jakob pourrait consister en une adaptation à l'homme de la tremblante du mouton. Pour la contagion interhumaine, ils ont certes trouvé qu'une certaine proportion des malades avait antérieurement subi des interventions chirurgicales, ou bien avait pratiqué des professions à risques, telles que médecin ou dentiste, mais aucune conclusion convaincante ne put être tirée. La rareté et la dispersion géographique des cas rendaient très improbable une contamination par contact direct entre les individus. En outre, les auteurs remarquaient qu'aucun cas de maladie de Creutzfeldt-Jakob ou de kuru n'avait été observé chez les nombreuses personnes qui avaient séjourné dans la région où sévissait le kuru sans participer aux pratiques de cannibalisme. Quant à l'hypothèse d'une transmission de la tremblante du mouton à l'homme par voie alimentaire, les auteurs l'ont considérée comme très improbable. En effet, aucune corrélation n'avait été trouvée entre la prévalence de la maladie de Creutzfeldt-Jakob chez l'homme et celle de la tremblante chez le mouton dans une même région. Ainsi, notamment, la fréquence de la maladie de Creutzfeldt-Jakob était la même en Australie, où aucun cas de tremblante n'avait été déclaré depuis vingt ans, qu'aux États-Unis ou en France, où la tremblante était présente depuis de nombreuses années. Revenant sur le cas des juifs d'origine libyenne, les auteurs firent remarquer qu'en fait la tremblante ne paraissait pas sévir chez les moutons d'Afrique du Nord ! L'hypothèse d'une contamination par la consommation d'yeux ou de cervelles d'animaux malades en paraissait donc d'autant moins vraisemblable.

« Nous devons conclure que le mécanisme naturel de propagation et le réservoir du virus de la maladie de Creutzfeldt-Jakob restent inconnus à présent [1]. »

Terminant ainsi leur article, les auteurs montrent qu'ils restent convaincus que la maladie de Creutzfeldt-Jakob doit résulter d'une contamination par le « virus » de la maladie, mais avouent qu'ils ont été impuissants à en identifier la source, et la manière dont il se transmet.

XV

LE PRION

Après l'avalanche de théories consécutives aux observations de Alper et ses collaborateurs, aucun résultat spectaculaire ne fut publié durant les années 1970 sur la caractérisation du mystérieux virus prétendument dépouvu d'acide nucléique.

C'est alors qu'entra en scène un homme qui devait l'occuper largement jusqu'à présent. Il s'agit de Stanley Prusiner, médecin neurologue et biochimiste qui, depuis 1974, partageait son temps entre deux campus de l'Université de Californie, à San Francisco et à Berkeley. À partir de 1978, mais surtout du début des années 1980, il publia une impressionnante série d'articles qui permirent de démasquer ce qui est aujourd'hui, selon les uns, l'agent de la tremblante, sinon selon les autres un composant majeur de celui-ci.

Sans se laisser rebuter par les difficultés multiples rencontrées par ses prédécesseurs, il décida de tenter à son tour la purification du mystérieux « virus ». Pour ce faire, il bénéficia des progrès considérables qu'ont connus les techniques de purification au cours des années précédentes. Il disposa d'une instrumentation très sophistiquée qui n'existait pas dix ans plus tôt. Mais ce n'était pas suffisant. Les résultats présentés dans son premier article important sur le sujet, en 1978, n'étaient pas très encourageants. Comme ses prédécesseurs, il constatait que l'agent se trouvait dans presque toutes les fractions, quelle que fût la méthode de séparation qu'il utilisait. Il ne se découragea pas pour autant.

Un premier problème, majeur, était la durée et le coût des expériences, même en utilisant la souris pour mesurer l'activité biologique de l'agent. Qu'on en juge ! Pour mesurer la quantité d'agent dans un seul échantillon, il fallait en préparer une dizaine de dilutions successives, inoculer chaque dilution à six souris, puis conserver les soixante souris ainsi inoculées pendant un an, en les examinant chaque semaine pour détecter l'apparition éventuelle de signes de tremblante. Les techniques de séparation donnant couramment naissance à un nombre de fractions situé entre dix et cinquante, cela faisait entre six cents et trois mille souris à inoculer et à suivre pendant un an si l'on voulait connaître la quantité d'agent infectieux dans l'ensemble des fractions ! Une première amélioration consista à remplacer la souris par le hamster chez lequel la durée d'incubation était plus courte. Une deuxième amélioration, qui pourrait sembler constituer un retour en arrière, fut de remplacer les dilutions successives par une mesure de la durée d'incubation. Plus la dose d'agent était élevée, plus courte était la durée d'incubation. C'était la méthode qu'utilisaient jadis les vétérinaires quand leurs seuls animaux d'expérience étaient le mouton et la chèvre, mais à l'époque ils n'avaient pas les moyens de la quantifier. Prusiner, en comparant le dosage par durée d'incubation au dosage classique par dilutions successives, mit au point un nouveau dosage qui, pour un échantillon, ne nécessitait d'inoculer que quatre hamsters et de les suivre pendant deux mois. Quatre hamsters au lieu de soixante souris et deux mois d'observation au lieu d'un an : le progrès était considérable !

Les autres problèmes étaient de nature biochimique, posés par le comportement très particulier de l'agent qu'il s'agissait de purifier, mais ce n'est pas le lieu de les exposer, même si le fait de les résoudre a constitué un exploit. Quel fut donc le résultat ?

Ce fut que le mystérieux agent aux allures de fantôme, purifié à partir de cerveaux de hamster, était de nature protéique. Conformément aux prévisions d'Alper et de ses collaborateurs, il paraissait dépourvu d'acide nucléique. Les fractions les plus purifiées contenaient une espèce protéique représentant 90 à 95 % des protéines présentes dans cette fraction. À quantité de protéine égale, cette fraction purifiée avait un pouvoir infectieux cinq à dix mille fois plus élevé que l'extrait cellulaire de départ. D'après sa taille, cette protéine devait être constituée d'une chaîne d'environ trois cents acides aminés, ce qui restait dans la norme pour les protéines en général.

Affirmer qu'un virus était de nature protéique, sans contenir d'acide nucléique, était profondément contraire à l'orthodoxie. Aussi Prusiner et ses collaborateurs s'appliquèrent-ils à multiplier les arguments indiquant qu'il en était bien ainsi pour le « virus » de la tremblante. Ils établirent une corrélation stricte entre la quantité de la protéine qu'ils avaient identifiée et le pouvoir infectieux de la fraction correspondante. Ils montrèrent que le pouvoir infectieux des fractions purifiées, bien qu'exceptionnellement résistant à la plupart des agents physiques et chimiques, pouvait être détruit par plusieurs agents connus pour détruire ou inactiver les protéines. Par contre, ce pouvoir infectieux était totalement résistant à tous les traitements connus pour détruire ou inactiver les acides nucléiques.

Tout indiquait donc que la protéine purifiée par Prusiner était le « virus » de la tremblante, ou bien, au minimum, en constituait un composant essentiel. La présence dans ce « virus » d'un acide nucléique ne pouvait être totalement exclue, mais alors celui-ci ne pouvait être que de très petite taille, de quelques bases nucléiques tout au plus. À cet agent infectieux d'un nouveau genre, Prusiner donna en 1982 un nom, celui de PRION :

« Les prions sont de petites particules infectieuses protéiques résistant à l'inactivation par la plupart des traitements qui altèrent les acides nucléiques. Le terme "prion" souligne le rôle essentiel d'une protéine dans le caractère infectieux ; les connaissances actuelles ne permettent pas d'exclure la présence d'un petit acide nucléique à l'intérieur de la particule [1]. »

Prusiner reste prudent quant à la présence possible d'acide nucléique, mais le terme PRION, qui signifie « PROtéine INfectieuse », le sigle « PRION » ayant été préféré à « PROIN », peu harmonieux, indique bien le rôle déterminant donné à la protéine.

Parmi les diverses propriétés particulières de cette protéine, deux au moins méritent que l'on s'y attarde : sa résistance aux protéases et sa forte tendance à l'agrégation.

Les protéases, ou protéinases, sont des enzymes qui détruisent les protéines. Elles s'attaquent aux liaisons qui réunissent entre eux les acides aminés, on dit qu'elles les « hydrolysent ». Cela peut paraître étrange qu'il existe des enzymes, donc des protéines, dont la fonction est de détruire les protéines. En fait, les protéases ont de multiples fonctions, dont celle, « alimentaire », d'hydrolyser les protéines étrangères pour que leurs acides aminés puissent être réutilisés. Dans la cellule, l'action des protéases est soumise à un strict contrôle, afin d'éviter qu'elles ne causent de graves dégâts dans les protéines cellulaires. Elles sont souvent isolées dans des compartiments particuliers, ou bien mises en veilleuse par des inhibiteurs. Par ailleurs, toutes les protéines ne présentent pas la même sensibilité aux protéases. De façon schématique, on peut dire que, plus leur chaîne d'acides aminés est enroulée de façon compacte, plus elles résistent aux protéases. La protéine prion, justement, s'est révélée particulièrement résistante à ces enzymes. Certes, elle peut être hydrolysée par elles, mais il existe des conditions où elle est résistante [2], alors que la quasi-totalité des protéines cellulaires est mise en pièces. Cette propriété avait d'ailleurs grandement facilité sa purification, mais elle présentait aussi un autre intérêt, qui apparaîtra dans la suite de cette histoire.

Une autre propriété de la protéine était sa tendance à l'agrégation ou à la polymérisation. De façon classique, pour déterminer la taille de la chaîne d'acides aminés constituant une protéine, on commence par traiter cette dernière avec des détergents forts, de façon à dissocier tout polymère ou agrégat qu'elle serait susceptible de former. C'est ainsi que Prusiner avait conclu que la protéine du prion contenait une chaîne longue d'environ trois cents acides aminés. Mais on peut également déterminer la taille d'une protéine sans l'avoir préalablement traitée avec un détergent. Si l'on trouve alors la même taille que précédemment, c'est que la protéine existe sous une forme non agrégée, non polymérisée, autrement dit sous forme monomérique. Or, ce n'est pas du tout ce qui fut observé avec la protéine du prion. Les fractions purifiées contenant le maximum de pouvoir infectieux se comportaient comme un mélange de particules de tailles différentes mais pouvant aller jusqu'à mille fois celle d'une protéine de trois cents acides aminés. L'examen de ces préparations au microscope électronique révéla qu'elles contenaient des sortes de bâtonnets, de longueur variable, et souvent collés les uns aux autres. Ces bâtonnets étaient des polymères contenant des dizaines, des centaines, voire des milliers d'exemplaires de la protéine prion. La tendance à l'agrégation de cette protéine expliquait en grande partie, *a posteriori*, les difficultés rencontrées pour la purifier. En outre, comme nous allons le voir, cette agrégation n'était pas un artefact de l'expérimentation.

On se souvient que, lors de leurs études sur le kuru, Klatzo, Zigas et Gajdusek avaient reconnu, dans le cerveau des victimes, ce qu'ils avaient appelé des « plaques amyloïdes », à leur coloration en présence de certains produits. Ces plaques, apparemment constituées d'un assemblage de structures fibrillaires, avaient une certaine ressemblance avec des images observées dans d'autres maladies dégénératives du système nerveux, notamment la maladie d'Alzheimer. Des plaques amyloïdes très semblables à celles du kuru avaient été trouvées par la suite dans certains cas de maladie de Creutzfeldt-Jakob et dans les cerveaux de divers animaux atteints de tremblante. Prusiner et ses collaborateurs firent d'abord la constatation que les bâtonnets de leur préparation de protéine prion avaient des propriétés optiques et de coloration analogues à celles des amyloïdes. Ils se demandèrent alors si ces bâtonnets pourraient exister en tant que tels dans le cerveau des animaux malades et constituer ces plaques amyloïdes. Une réponse positive put être donnée à cette question, grâce à l'emploi d'anticorps dirigés contre la protéine prion.

Des anticorps, Prusiner était en effet enfin parvenu à en obtenir. Non pas chez les animaux atteints de tremblante, car, nous l'avons vu, ceux-ci n'en produisent pas, mais en injectant à des lapins des quantités relativement importantes de protéine prion purifiée à partir de cerveaux de hamster infectés. Lorsqu'on dispose d'anticorps spécifiques d'une molécule biologique, un grand nombre de possibilités d'étude s'ouvrent. On peut notamment fixer aux anticorps des « marqueurs » visibles en microscopie optique ou électronique. Si ces anticorps sont placés sur une coupe de tissu, ils vont se fixer sur la molécule contre laquelle ils sont dirigés, et la position du marqueur indique alors où cette molécule est localisée dans le tissu. Utilisant cette technique, le groupe de Prusiner a d'abord montré que les anticorps dirigés contre la protéine prion monomérique se fixaient sur les bâtonnets : ceux-ci étaient donc bien constitués de protéine prion. Il montra ensuite que ces bâtonnets, souvent assemblés en filaments, étaient présents dans les extraits de cerveaux d'animaux atteints de tremblante. Ces filaments avaient d'ailleurs été observés antérieurement par d'autres auteurs, et qualifiés de fibrilles. Les plaques amyloïdes résultaient apparemment de l'association d'un grand nombre de ces fibrilles. Ces fibrilles, ces plaques amyloïdes, étaient localisées à l'extérieur des cellules nerveuses, probablement libérées dans le milieu extracellulaire à la suite de la destruction des cellules au cours de la progression de la maladie.

Tous ces résultats avaient été obtenus dans le cas de la tremblante, mais Prusiner et ses collaborateurs les étendirent ensuite à la maladie de Creutzfeldt-Jakob. Une protéine ayant des propriétés identiques à celles du prion de la tremblante put être mise en évidence dans le cerveau de personnes atteintes de cette maladie.

Durant la première moitié de la décennie 1980, la traque du Mal a donc fait un bond considérable. Il paraît dû à une protéine à laquelle a été donné le nom de « prion ». Cette protéine, d'une étonnante stabilité, s'accumule dans le cerveau des hommes ou des animaux malades sous forme de filaments ou fibrilles qui s'assemblent parfois eux-mêmes en plaques amyloïdes. Mais d'où vient donc cette protéine, et comment assure-t-elle sa multiplication ? La deuxième moitié de la décennie allait apporter la réponse à ces questions.

XVI

AVRIL 1985

Un mois clé. Le Mal paraît débusqué. Il contre-attaque alors sur deux fronts, lançant des offensives meurtrières dont les effets n'ont pas fini de se faire sentir quinze ans plus tard.

Le Mal serait ainsi causé, selon Prusiner, par une protéine à laquelle il a donné le nom de « prion ». Une protéine toxique, ce n'est pas difficile à concevoir. Les précédents sont nombreux. Les toxines produites par le bacille diphtérique, celui du charbon ou du botulisme, tuent bien un animal ou un homme à des doses extrêmement faibles. Mais ces toxines ne se reproduisent pas. Le corps de l'animal tué ne contient pas plus de toxine qu'il lui en a été inoculé. Aussi, du fait de la dilution de la toxine dans l'organisme, tout prélèvement provenant de cet animal est-il inoffensif. Avec le prion, il n'en est pas de même. On l'a vu, une souris morte de tremblante contient suffisamment de prion pour infecter des millions de ses congénères. C'est là une situation normale lorsqu'un animal est infecté par un virus. Le virus se multiplie dans l'animal malade dont les organes infectés arrivent à en contenir des quantités considérablement plus élevées que n'en contenait la dose inoculée. Mais les virus ont un acide nucléique qui fournit l'information nécessaire à sa multiplication. Le prion, lui, ne semble pas contenir d'acide nucléique. Comment donc expliquer sa multiplication ?

On ne pouvait raisonnablement envisager qu'une protéine porte elle-même l'information nécessaire à sa propre synthèse. Seul un gène, un segment d'acide nucléique, est capable de placer dans l'ordre adéquat les acides aminés constituant une protéine. Il fallait donc que le gène du prion se trouvât dans l'organisme infecté. C'était bien le postulat dont était parti John Griffith lorsqu'il avait suggéré des mécanismes permettant à une protéine d'avoir un caractère infectieux. Maintenant qu'une protéine présumée coupable avait été démasquée, pouvait-on savoir si son gène était effectivement présent dans l'organisme infecté ? La question était insoluble à la fin des années 1960, lorsque Griffith proposait ses hypothèses, mais y répondre était devenu presque trivial au milieu des années 1980. Entre-temps, en effet, s'étaient développées les technologies extrêmement puissantes du génie génétique. Ainsi, par exemple, on savait désormais couper l'ADN en des endroits précis, manipuler les fragments résultant et les insérer dans les chromosomes d'autres organismes. Dans ces fragments d'ADN, on pouvait déterminer l'ordre des bases nucléiques et donc connaître celui des acides aminés dans les protéines codées par les gènes qu'ils contenaient. Inversement, si l'on connaissait l'ordre des acides aminés dans une protéine, on pouvait trouver son gène. C'est ce qu'a fait le groupe de Charles Weissmann, expert en génie génétique, à Zurich, en collaboration avec celui de Prusiner et d'un groupe spécialisé dans la détermination des séquences d'acides aminés dans les protéines.

Les résultats ont été publiés en avril 1985 : le gène du prion était présent chez le hamster indépendamment de toute infection. De la séquence des bases dans ce gène on pouvait déduire qu'il codait une protéine de deux cent quarante acides aminés. Un gène similaire était trouvé chez d'autres mammifères, tels que la souris et l'homme. Mais alors, si ce gène était présent dans les chromosomes de ces animaux, pourquoi ne conduisait-il pas à la synthèse d'une protéine prion en l'absence de toute infection ?

John Griffith avait suggéré une première possibilité : le gène pourrait ne s'exprimer qu'en présence de la protéine qui jouerait un rôle régulateur. Cette hypothèse fut écartée rapidement. Le taux d'expression d'un gène peut être mesuré par la concentration de son produit primaire, l'ARN messager. Ce taux était le même dans le cerveau d'animaux infectés ou non infectés : le gène était donc transcrit de la même manière dans les deux cas. Autrement dit, la protéine infectieuse n'induisait pas la transcription de son propre gène, ce n'était pas une protéine régulatrice au sens où Griffith l'entendait.

Qu'en était-il de la traduction de l'ARN messager, c'est-à-dire de la synthèse de la protéine ? Pour le savoir, les auteurs utilisèrent ces réactifs ultra spécifiques que sont les anticorps dirigés contre la protéine prion : ils constatèrent que la protéine était présente dans le cerveau d'animaux non infectés. Pourtant, elle y était en moindre quantité et ses propriétés étaient différentes de celles de la protéine prion : elle était détruite par les protéases, notamment la protéinase K, dans des conditions où la protéine prion infectieuse leur était résistante. C'était d'ailleurs pour cette raison que Prusiner ne l'avait pas détectée dans les extraits de cerveaux d'animaux non infectés, car il traitait les extraits avec la protéinase K pour purifier le prion.

Le gène du prion était donc présent dans les cellules du cerveau, mais la protéine qu'il codait avait une structure différente selon que l'animal avait ou non été infecté. Cette différence de structure se traduisait par une différence de sensibilité aux protéases.

Comme c'est souvent le cas dans le domaine scientifique, chaque réponse à une question soulève de nouvelles questions. Les questions évidentes, dans ce cas, concernaient d'abord la nature précise des différences entre la protéine synthétisée normalement dans le cerveau et la protéine infectieuse, et surtout le mécanisme conduisant un même gène à gouverner la synthèse de deux types de protéines, l'une sensible aux protéases et non infectieuse, l'autre résistante et infectieuse. À ce stade, cependant, les chercheurs avaient tout lieu d'être satisfaits. L'agent de la tremblante avait perdu beaucoup de son mystère.

Comme s'il le sentait, c'est le moment que le Mal choisit pour faire connaître à tous son pouvoir mortifère.

C'est bien en avril 1985, en effet, que conscience fut prise du fait que l'hormone de croissance utilisée dans le traitement du nanisme hypophysaire pouvait véhiculer l'agent de la maladie de Creutzfeldt-Jakob. Que s'est-il passé ce mois là ?

L'histoire en a été contée, de façon particulièrement dramatique, par Paul Brown, un Américain ancien collaborateur de Gajdusek, et lui-même l'un des plus grands experts actuels en matière d'encéphalopathies spongiformes.

« En mai 1984, un jeune homme fait avec sa famille un voyage en avion de San Francisco à Atlanta où il doit faire escale pour se rendre dans le Maine afin de rendre visite à ses grands-parents. Lorsqu'il se lève de son siège pour changer d'avion, il se plaint d'étourdissements. Sa mère, qui le croit victime d'une crise d'hypoglycémie, lui donne une sucrerie et le surveille attentivement durant le reste du voyage. Rien de particulier ne se produit et l'incident est oublié. Quelques jours plus tard, cependant, dans le Maine, le jeune homme refuse d'aller faire un tour sur le lac dans le canot à moteur de son grand-père, disant qu'"il n'a pas besoin d'aller faire un tour parce qu'il a déjà la tête qui tourne". Après être rentré chez lui, le jeune homme reprend ses études, mais ses étourdissements persistent, et sa façon de parler paraît être légèrement modifiée [1]. »

C'est alors qu'il commence à consulter. En juin, il est pris en charge par le docteur Raymond Hintz, un spécialiste en endocrinologie pédiatrique. Il était bien connu de la famille, car le jeune homme avait une longue histoire de traitements hormonaux. À l'âge de deux ans, en 1965, il avait été reconnu déficient en hormone thyroïdienne, en insuline, et en hormone de croissance. À partir de 1966, et pendant quatorze ans, il avait reçu des injections d'hormone de croissance, ce qui lui avait permis d'atteindre une taille raisonnable. Le docteur Hintz adresse le jeune homme à des neurologues. L'état du jeune patient s'aggrave, montrant de plus en plus de signes de détérioration de son système nerveux, mais les spécialistes ne parviennent pas à un consensus sur le diagnostic. L'hypothèse d'une maladie de Creutzfeldt-Jakob, un instant évoquée, est aussitôt rejetée, à cause du jeune âge du patient. Pourtant, après la mort de celui-ci, en novembre, l'examen de son cerveau révèle que c'était bien de cela qu'il s'agissait.

Informé quelques mois plus tard de ce résultat, le docteur Hintz s'interroge. Peut-être est-il au courant des quelques cas de transmission iatrogène de la maladie de Creutzfeldt-Jakob rapportés dans la littérature ? Toujours est-il que, le 4 mars 1985, une lettre signée de lui parvient à la toute-puissante *Food and Drug Administration*, qui délivre les autorisations de mise sur le marché des médicaments aux États-Unis. De cette lettre, Brown cite le passage suivant :

« ... le patient a été traité pendant quatorze ans avec de l'hormone de croissance et je pense que l'on doit considérer la possibilité que cela peut avoir joué un rôle dans le fait qu'il a contracté la maladie de Creutzfeldt-Jakob. Il conviendrait d'organiser un suivi approfondi de tous les patients traités avec de l'hormone de croissance durant ces vingt-cinq dernières années et de rechercher s'il existe d'autres cas de maladies dégénératives du système nerveux. »

Les autorités ne se le firent pas dire deux fois. Elles notifièrent aussitôt les médecins de l'existence du problème en leur demandant de rapporter d'éventuels cas similaires. Les réponses ne tardèrent pas. Un médecin de Dallas rapporta le 11 avril qu'un de ses anciens patients, qui avait été traité pour une déficience hypophysaire, était décédé en février 1985, à l'âge de trente-deux ans, d'une maladie neurologique non identifiée. Un autre médecin, de Buffalo, rapporta le 18 avril qu'un jeune homme de vingt-trois ans, qui avait lui aussi reçu un traitement à l'hormone de croissance, venait de décéder, lui aussi, d'une maladie neurologique non identifiée. Dans ce cas, le diagnostic de maladie de Creutzfeldt-Jakob fut porté ultérieurement après examen du cerveau.

Dès le 19 avril, l'administration américaine de la santé décidait de suspendre l'autorisation d'utiliser l'hormone de croissance extraite d'hypophyses à des fins thérapeutiques. En effet, il était difficile de croire que ces trois cas de maladie de Creutzfeldt-Jakob certaine ou probable parmi les quelque dix mille jeunes Américains traités à l'hormone de croissance étaient dus au hasard. Non seulement la maladie de Creutzfeldt-Jakob est très rare (un cas annuel par million de personnes), mais elle l'est encore plus chez les sujets jeunes : environ un cas pour cent millions de personnes âgées de moins de quarante ans. L'interprétation la plus vraisemblable était qu'une ou plusieurs hypophyses provenant de personnes décédées de la maladie de Creutzfeldt-Jakob avaient été incluses dans des lots ayant servi à la préparation de l'hormone, et que la purification de celle-ci n'avait pas suffi à la débarrasser de l'agent de la maladie. Les autorités américaines hésitèrent d'autant moins à prendre une telle décision qu'était programmée la commercialisation prochaine d'une hormone de croissance préparée autrement, grâce au génie génétique.

Peu de temps après, un nouveau cas était rapporté, en Grande-Bretagne cette fois. Une jeune femme, traitée dans son enfance à l'hormone de croissance, était morte en février 1985, à l'âge de vingt-trois ans, d'une maladie de Creutzfeldt-Jakob. Cela faisait donc quatre cas en quelques mois. Étions-nous à la veille d'une épidémie susceptible de frapper un bon nombre des quelque vingt-cinq mille patients de différents pays traités dans leur enfance à l'hormone de croissance ? Ou bien ne s'agissait-il que de cas isolés, peut-être de personnes traitées avec une hormone préparée selon une méthode ancienne et insuffisamment purifiée ? La vérité, on le verra, se situera entre les deux.

Alors que les médecins se posaient ces questions, des éleveurs anglais étaient confrontés à l'apparition d'une maladie étrange et nouvelle affectant des bovins. Le premier cas répertorié date d'avril 1985, mais d'autres suivirent rapidement. Les symptômes furent décrits comme suit :

« Des animaux jusqu'alors en bonne santé, en bonne condition physique, devenaient craintifs, faisaient preuve d'une sensibilité exacerbée au moindre contact, et montraient une légère incoordination dans leur démarche. Leur état mental s'altérait progressivement, et ils réagissaient fréquemment par des coups de patte lorsque l'on s'occupait d'eux. Ils manifestaient peur et agressivité. Des stimuli auditifs produisaient chez eux des réactions excessives, pouvant aller jusqu'à leur chute. L'incoordination de la démarche s'aggravait progressivement, s'accompagnant d'hypermétrie (tendance à faire des pas plus grands que la normale) et de chutes. Finalement, soit parce qu'ils avaient un comportement totalement imprévisible s'apparentant à la folie, soit parce qu'ils restaient à terre sans pouvoir se relever, ils devaient être abattus. L'examen clinique n'évoquait aucune des maladies précédemment répertoriées chez les bovins [2]. »

Le lecteur aura compris que c'étaient là les premières manifestations de la maladie dite « de la vache folle », nouvel avatar du Mal. Ce n'est cependant que beaucoup plus tard, fin 1986, que les vétérinaires, au vu des examens réalisés sur les cerveaux des bêtes malades, parvinrent à cette conclusion et proposèrent, en 1987, de donner « provisoirement » à cette maladie le nom d'« encéphalopathie spongiforme bovine » ou ESB.

Avril 1985 avait donc vu se manifester les signes avant-coureurs de deux graves crises de santé publique qui allaient revêtir une acuité particulière en Europe, en France surtout pour l'une, la contamination de l'hormone de croissance par l'agent de la maladie de Creutzfeldt-Jakob, en Grande-Bretagne pour l'autre, la maladie de la vache folle et sa transmission à l'homme. Cependant, ce même mois avait aussi vu se produire une avancée spectaculaire dans l'identification de la cause du Mal : la démonstration que le gène du prion était présent dans les cellules des mammifères.

XVII

LE BAISER DE LA MORT

Laissant pour le moment médecins et vétérinaires à leur perplexité et à leur inquiétude, revenons donc au coupable, à l'agent du Mal, au prion.

Celui-ci, nous l'avons vu, serait une protéine, codée par un gène existant sous des formes très voisines chez tous les mammifères. Dans la situation normale, ce gène coderait une protéine de deux cent quarante acides aminés, sensible aux protéases, comme le sont la plupart des protéines. Chez les animaux atteints de tremblante, ou les êtres humains atteints de Creutzfeldt-Jakob, cette protéine prendrait une forme différente, très résistante aux protéases. Cette deuxième forme serait infectieuse, en ce sens que son inoculation à des animaux provoquerait l'accumulation d'une protéine ayant les mêmes propriétés. Par la suite, nous parlerons de « protéine normale » et de « protéine infectieuse » pour distinguer les deux formes.

Dans l'espoir d'y trouver le secret de ses propriétés exceptionnelles, la protéine fut examinée sous toutes les coutures, que ce soit sous sa forme normale ou infectieuse.

Tout d'abord, dès 1986, il est apparu que si les animaux non infectés ne synthétisaient que la protéine normale, les animaux infectés synthétisaient à la fois la protéine normale, dans les quantités habituelles, et la protéine infectieuse.

La protéine normale s'est révélée être une protéine de membrane, située à la surface des cellules. Elle contient un lipide (corps gras) fixé à l'une des extrémités de la chaîne. C'est lui qui ancre la protéine dans la membrane.

La protéine infectieuse contient le même lipide que la protéine normale. Pourtant, contrairement à celle-ci, elle n'est pas localisée à la surface de la cellule : elle est probablement liée à des membranes intracellulaires.

Une autre différence importante entre la forme normale et la forme infectieuse de la protéine réside dans la vitesse de synthèse et de dégradation. Dans une cellule infectée, la formation de la protéine infectieuse est beaucoup plus lente que celle de la protéine normale. Il semblerait que la protéine infectieuse se forme dans un deuxième temps à partir de la protéine normale. Une fois synthétisées, les protéines ne sont pas éternelles. Elles sont renouvelées périodiquement, le taux de renouvellement étant caractéristique de chaque protéine. Celui-ci implique une étape de dégradation par des protéases. La forme normale de la protéine prion a un destin qui s'inscrit dans ce schéma général. Elle est dégradée relativement rapidement. La protéine infectieuse, par contre, du fait de sa résistance aux protéases, est d'une très grande stabilité, aucune dégradation n'étant observée dans les conditions expérimentales. La protéine normale est donc périodiquement renouvelée et maintenue à une concentration à peu près constante alors que la protéine infectieuse s'accumule, jusqu'à des concentrations très importantes. Cette accumulation pourrait être la cause de la destruction des cellules et donc de l'apparition progressive de lésions dans le système nerveux.

Le secret de tout ou partie des différences entre formes normale et infectieuse de la protéine était probablement à rechercher dans leur mode de repliement. Les protéines, nous l'avons vu, sont de longs fils, des chaînes d'acides aminés, repliées sur elles-mêmes, « embobinées » en quelque sorte, donnant une structure compacte de géométrie bien définie. Or plusieurs techniques d'analyse faisant appel à la physique permettent de connaître cette géométrie ; ce sont, en particulier, la diffraction des rayons X, dont la mise en œuvre nécessite l'obtention parfois problématique de cristaux de la protéine, et la résonance magnétique nucléaire, qui s'applique à des protéines en solution. Malgré des progrès immenses depuis une vingtaine d'années, l'établissement de la structure des protéines par ces techniques reste un processus assez lourd et souvent inapplicable, du fait des propriétés de la protéine étudiée. Le nombre de protéines de structure connue aujourd'hui est considérable : plus de dix mille. À partir de ces structures, certaines règles sont apparues concernant la manière dont se replient les chaînes d'acides aminés au sein des protéines. Les différentes portions de la chaîne y prennent essentiellement trois types de conformation : des enroulements en hélice (hélices α), de sortes de zigzags dans un plan (feuillets β), ou des structures qui, au contraire des hélices α et feuillets β, ne présentent aucune régularité et sont généralement situées entre les régions régulièrement structurées et aux extrémités de la chaîne. De multiples liaisons faibles entre les différentes portions de la chaîne donnent à la protéine sa structure compacte. Qu'en est-il de la protéine du prion ?

Dès 1993, l'existence d'une différence de structure entre la protéine normale et la protéine infectieuse a été mise en évidence par l'équipe de Prusiner. Sans faire appel aux techniques élaborées mentionnées ci-dessus, d'autres moins lourdes permettent d'avoir une idée du contenu d'une protéine en hélices α et en feuillets β. L'application de ces techniques à la protéine du prion révéla que la forme normale avait un contenu élevé en hélices α et peu ou pas de feuillets β, alors que la protéine infectieuse avait un contenu élevé en feuillets β. Sur la lancée, se fondant sur une série d'éléments tirés de la connaissance d'autres structures protéiques ou spécifiques à la protéine du prion, le groupe de Prusiner présenta deux structures hypothétiques pour les formes normale et infectieuse de la protéine prion. La forme normale aurait contenu quatre hélices α, alors que la forme infectieuse aurait contenu deux hélices α et quatre feuillets β. Le passage d'une forme à l'autre, supposé se produire au cours de l'infection, impliquerait un remaniement assez important de la structure, résultant en une sorte de « compactisation » de la molécule. Bien que très esthétiques, ces structures hypothétiques devaient être rapidement remises en cause.

En effet, la détermination de la véritable structure de la protéine normale fut publiée en 1996-1997 par les groupes de Rudolf Glockshuber et de Kurt Wüthrich à Zurich. Élucidée par résonance magnétique nucléaire, elle se différencie sur plusieurs points de la première structure proposée par Prusiner et ses collaborateurs : elle contient trois hélices α et deux petits feuillets β et, surtout, la première moitié de la chaîne, longue d'une centaine d'acides aminés, est non structurée. Cette longue région non structurée serait susceptible de se structurer relativement aisément, sans que cela nécessite le « débobinage » du reste de la molécule, pour donner la forme infectieuse, riche en feuillets β. Pour savoir s'il en est bien ainsi, il faudrait connaître la structure de la forme infectieuse, ce qui n'est pas le cas aujourd'hui.

Quoi qu'il en soit, le fait est désormais établi, la protéine infectieuse diffère de la forme normale par sa structure tridimensionnelle. Deux molécules comportant les mêmes acides aminés, liés par les mêmes liaisons chimiques, mais différant par la position des acides aminés dans l'espace, l'une infectieuse et l'autre pas... cela rappelle étrangement les travaux sur les tartrates de Pasteur, le fondateur de la « chimie dans l'espace », la stéréochimie.

Dès que la présence du gène du prion fut reconnue dans les cellules non infectées, deux questions se posèrent :

– Quelle est la fonction normale de cette protéine ?

– Un animal dépouvu de cette protéine est-il encore sensible à l'infection ?

Pour répondre à ces questions, il fallait disposer de mutants de souris ou de hamster chez lesquels le gène du prion aurait été détruit. Les techniques permettant de construire de tels mutants étant depuis peu devenues accessibles, le groupe de Weissmann a obtenu, en 1992, des souris chez lesquelles les deux exemplaires du gène du prion étaient inactivés, ces animaux étant alors totalement dépourvus de la protéine correspondante. Ce résultat démontrait que cette protéine n'était pas indispensable à la vie de l'animal. Bien plus, aucune anomalie ne fut détectée dans le développement physique ou comportemental des mutants, ni dans leurs facultés de reproduction. Le rôle de la protéine normale chez les animaux non infectés n'était donc pas clair et il continue d'ailleurs à faire l'objet de recherches aujourd'hui.

Ces mutants de souris apportèrent, en 1993, une confirmation éclatante du rôle joué par la protéine du prion dans la maladie : les animaux dépourvus de la protéine normale ne contractaient pas la tremblante lorsqu'on leur injectait du prion infectieux. En l'absence de protéine normale, la protéine infectieuse ne pouvait se former, et donc donner la maladie.

Le gène du prion, comme la plupart des gènes de la souris, existe en deux exemplaires dans toutes les cellules, hormis les gamètes (ovules et spermatozoïdes). Chez les mutants décrits ci-dessus, les deux exemplaires du gène avaient été inactivés. Les groupes de Weissmann et de Prusiner construisirent également des mutants chez lesquels un seul des exemplaires était inactivé, ou bien, au contraire, chez lesquels des exemplaires supplémentaires étaient introduits. Chez ces mutants, la durée d'incubation de la maladie s'est révélée d'autant plus réduite que le nombre d'exemplaires du gène était élevé. Dans la mesure où l'on peut admettre que le taux de synthèse de la protéine normale est plus ou moins proportionnel au nombre d'exemplaires du gène, ces résultats suggéraient que la vitesse de formation de la protéine infectieuse était étroitement liée à celle de la protéine normale. Cela était en parfait accord avec les résultats antérieurs indiquant que la protéine infectieuse dérivait de la protéine normale : plus il y avait de protéine normale, plus il pouvait se former de protéine infectieuse.

Le fait que le gène du prion est présent dans l'organisme indépendamment de toute infection permettait de proposer une explication de l'un des mystères de la tremblante et des maladies humaines apparentées. Il s'agit de l'absence de réaction immunitaire contre les agents de ces maladies. En effet, le système immunitaire a pour fonction de reconnaître les corps étrangers, qu'il s'agisse de virus, de bactéries, de molécules, etc. Pour ce faire, il doit commencer par reconnaître ce qui n'est pas étranger, ce qu'on appelle le « soi », pour éviter d'entraîner une autodestruction de l'organisme, par réaction « autoimmune ». Au cours de son développement, le système immunitaire apprend donc à reconnaître les composants du soi, il y devient « tolérant ». La protéine du prion, même si elle adopte une conformation particulière sous sa forme infectieuse, est néanmoins, pour l'essentiel, un composant du soi. L'organisme y est donc tolérant et s'abstient de mettre en place une réaction immunitaire. Cette hypothèse s'est trouvée renforcée par le fait qu'une réaction immunitaire significative, avec bonne production d'anticorps, a été obtenue en réaction à l'injection de la protéine du prion aux souris dépourvues du gène de cette protéine. Chez ces souris mutantes, la protéine du prion ne fait plus partie du soi.

Nous sommes alors au début des années 1990, une théorie commence à émerger sur le mécanisme de la multiplication du prion. Selon cette théorie, la protéine infectieuse, par une sorte de « baiser de la mort », aurait la capacité de transformer la protéine normale en protéine infectieuse, simplement en s'associant avec elle. Derrière cette théorie, qui a un parfum de surnaturel, on retrouve en fait la deuxième hypothèse de Griffith, elle-même issue des réflexions de l'école pasteurienne sur la régulation, non plus de la synthèse, mais de l'activité des protéines.

Ces réflexions avaient été publiées en 1963 dans un article célèbre, signé des pasteuriens Jacques Monod et Jean-Pierre Changeux, et d'un chercheur travaillant à Rome, Jeffries Wyman. Elles concernaient les mécanismes intervenant dans l'activation et l'inhibition des enzymes. Ces phénomènes jouent en effet un rôle essentiel dans les régulations cellulaires. Ainsi, par exemple, divers composés cellulaires ont la capacité d'inhiber l'activité de l'une des enzymes intervenant dans leur synthèse. C'est là un mécanisme qui permet de maintenir constante la concentration de ce composé dans la cellule. En présence de l'inhibiteur, l'enzyme passe donc d'une conformation (forme) active à une conformation inactive. Les différences de conformations doivent résulter de subtiles modifications dans le mode de repliement de la chaîne d'acides aminés. Selon Monod, Wyman et Changeux, la protéine devait exister sous deux formes, l'une active et l'autre inactive, en équilibre l'une avec l'autre. Par une sorte de vibration, elle passerait sans cesse d'une forme à l'autre. L'inhibiteur, en se fixant sur la forme inactive, « gèlerait » en quelque sorte la protéine dans cette conformation. L'intérêt des auteurs s'est porté plus particulièrement sur le cas, très répandu, des enzymes constituées, non pas d'une seule, mais de plusieurs chaînes d'acides aminés, c'est-à-dire des dimères, des trimères, des tétramères, etc. Les résultats expérimentaux suggéraient que, lorsque l'inhibiteur se fixait sur l'une des chaînes d'acides aminés, la gelant ainsi sous sa forme inactive, les autres chaînes se trouvaient automatiquement gelées dans la même conformation. Ainsi, dans le cas d'un tétramère, la fixation de l'inhibiteur sur une seule des chaînes résultait en une transition concertée des quatre chaînes vers la conformation inactive. Une seule des chaînes imposait sa conformation aux trois autres.

En 1967, lorsque Griffith, envisageant la possibilité que l'agent de la tremblante soit une protéine, formulait l'hypothèse que la forme toxique de la molécule, un dimère, provoquait la formation d'un autre dimère toxique en s'associant à deux monomères inoffensifs de la protéine, il reprenait l'idée de Monod, Changeux et Wyman. En effet, son hypothèse supposait que la chaîne d'acides aminés avait une conformation différente selon qu'elle était à l'état libre, non toxique, ou au sein d'un dimère, toxique. En définitive, la protéine toxique imposait donc sa conformation à la protéine normale.

C'est bien à cette hypothèse qu'a fini par se rallier la majorité des spécialistes de la tremblante et autres encéphalopathies spongiformes dans les années 1990 : la protéine infectieuse convertirait la protéine normale en protéine infectieuse en s'associant avec elle. L'association pourrait avoir lieu de diverses manières. Dans la variante la plus simple de ce processus, celle qui mériterait véritablement le terme de « baiser de la mort », un monomère de protéine infectieuse s'associerait à un monomère de protéine normale pour former un dimère. Au sein de ce dimère, la protéine infectieuse imposerait sa conformation à la protéine normale. Le dimère se dissocierait alors, donnant naissance à deux protéines infectieuses. En se reproduisant à l'infini, ce processus conduirait à une augmentation exponentielle de la quantité de protéine infectieuse. Une variante de ce processus serait que la forme infectieuse consiste en un petit polymère du prion, un petit fragment de ces tubules ou fibrilles qu'il forme aussi bien en solution que dans le cerveau. En s'associant à une telle structure, la protéine normale serait stabilisée dans la forme infectieuse. Par rupture occasionnelle, les petits polymères ainsi formés donneraient naissance à de nouvelles amorces susceptibles de stabiliser d'autres molécules sous la forme infectieuse. Cette variante du processus s'apparenterait aux phénomènes de cristallisation, déclenchés par des amorces de cristaux dans une solution saturée.

Cette hypothèse, sous une forme ou une autre, rendrait compte de nombreux aspects des encéphalopathies spongiformes subaiguës transmissibles (ESST), certains déjà évoqués, d'autres qui le seront ultérieurement. Un point mérite d'être envisagé immédiatement à la lumière de cette théorie celui de la spécificité de chaque prion pour une espèce, la « barrière d'espèce » dont on parle si souvent aujourd'hui du fait de la crise de la vache folle.

Cette spécificité existe mais reste toute relative. Certes, dans certains cas, la barrière d'espèce paraît absolue. Mais dans la plupart des cas, la transmission entre espèces de mammifères, quoique difficile, est possible. Nous avons vu que, lors de la transmission du mouton à la chèvre, de la chèvre à la souris, ou de l'homme au chimpanzé, la durée d'incubation était très longue, et les doses infectieuses élevées. Par contre, une fois l'adaptation à une nouvelle espèce réalisée, la durée d'incubation se trouvait réduite et les propriétés de l'agent pouvaient être modifiées. Les groupes de Prusiner et de Weissmann ont étudié ce phénomène dans le cas des passages entre souris et hamster. Le transfert de la tremblante entre ces deux espèces est laborieux, les temps d'incubation très longs. Ces groupes ont alors construit des lignées de souris dont le gène du prion a été remplacé par celui du hamster. Ces souris ont le comportement de hamsters vis-à-vis de l'infection par les prions. Très sensibles au prion de hamster, elles sont très résistantes au prion de souris. La spécificité réside donc dans la structure du prion lui-même.

Cette notion a été confirmée par la construction d'autres lignées de souris, de structure plus complexe. Par exemple, des lignées ont été construites possédant à la fois le gène du prion de souris et celui du hamster. Lorsque ces souris sont infectées avec du prion de hamster, elles produisent du prion de hamster, qui permet d'infecter facilement des hamsters et difficilement des souris. Infectées avec du prion de souris, elles produisent du prion de souris. Le prion infectant « préfère » donc s'associer à la protéine normale de la même espèce plutôt qu'à celle d'une espèce différente. Le « baiser de la mort » a lieu plus naturellement entre protéines provenant de la même espèce qu'entre protéines provenant d'espèces différentes.

Ce fait peut être replacé dans le cadre de l'hypothèse exposée plus haut pour rendre compte de la multiplication du prion. Elle suppose une association entre protéine infectieuse et protéine normale. Cette association, relativement facile entre protéines ayant la même séquence d'acides aminés, pourrait être plus difficile lorsque les séquences ne sont pas strictement identiques, comme c'est le cas lorsque les protéines viennent d'espèces différentes. L'interaction se ferait donc difficilement dans le cas de transmissions inter-espèces, d'où la longueur de la durée d'incubation.

Reste à expliquer l'adaptation qui se produit lorsque l'infection finit par s'établir. On peut imaginer que lorsque les premières interactions ont lieu avec le prion provenant d'une autre espèce, la conformation infectieuse prise par la protéine de l'animal infecté est spécifique à cet animal. Outre son intérêt sur le plan théorique, cette question sera appelée à avoir une grande importance pratique lorsque seront analysées les causes et les conséquences de la crise de la vache folle. Nous y reviendrons.

Cependant, nous n'en sommes pas encore là. Nous devons aborder, à la lumière des nouvelles théories, une question qui n'a cessé de hanter tant les spécialistes de la tremblante que ceux des maladies humaines du même type. Ces maladies sont-elles de nature infectieuse ou génétique ? À ce stade, la question pourrait sembler réglée. Il s'agit de maladies infectieuses, et les agents qui en sont responsables, quoique très atypiques, ont été identifiés : ce sont des protéines appelées « prions ». Et pourtant...

XVIII

LA REVANCHE DES SPONTANÉISTES

La tremblante est transmissible ; on le sait depuis les expériences de Cuillé et de Chelle en 1936 et la contamination accidentelle de milliers de moutons par un vaccin contre le *louping ill*, en Écosse, vers la même époque. Les encéphalopathies spongiformes humaines, kuru et maladie de Creutzfeldt-Jakob, sont également infectieuses : c'est ce qu'a démontré l'équipe de Gajdusek à la fin des années 1960 en les transmettant à des chimpanzés. Donc, si l'on en croit le dogme contagioniste issu des travaux de Pasteur, ces maladies ne peuvent être contractées que par la contagion.

Si les encéphalopathies spongiformes étaient infectieuses, on se devait donc d'établir comment elles se transmettaient. Dans le cas de la tremblante, les arguments en faveur de l'existence d'une contagion naturelle étaient très forts, et au moins un mécanisme possible de transmission, par les placentas, avait été proposé. Pour les maladies humaines, la transmission du kuru du fait des pratiques de cannibalisme ne faisait guère de doute. Mais qu'en était-il de la maladie de Creutzfeldt-Jakob qui, contrairement au kuru, concernait l'ensemble de la population humaine ?

Quelques rares exemples de transmission interhumaine avaient été identifiés avant 1985, des cas de transmission dite « iatrogène » mentionnés plus haut. Après cette date d'autres cas, malheureusement plus nombreux, allaient résulter de l'administration d'hormone de croissance et de greffes de dure-mère [1]. Cependant, ceux-ci ne représentaient qu'une très petite proportion des cas de maladie de Creutzfeldt-Jakob rencontrés dans le monde. Quelle était l'origine de tous les autres cas ? Étaient-ils aussi dus à la contagion ?

Une hypothèse différente commença d'émerger à la fin des années 1980, à la suite de l'étude d'une maladie dont nous n'avons plus guère parlé depuis sa découverte en 1936, le syndrome de Gerstmann-Sträussler [2]. Le rapprochement entre cette maladie et celle de Creutzfeldt-Jakob ne s'est fait que très tardivement, au début des années 1980. En effet, bien qu'il s'agisse de maladies similaires, les différences étaient importantes. Le syndrome de Gerstmann-Sträussler touchait des sujets plus jeunes, l'âge moyen du décès étant de quarante-huit ans au lieu de cinquante-huit dans le cas de la maladie de Creutzfeldt-Jakob, et la durée moyenne de la maladie, une fois déclarée, était beaucoup plus longue, environ cinq ans au lieu de six mois. Les différences étaient nombreuses au niveau des symptômes cliniques et des lésions du système nerveux. Ainsi, par exemple, le cerveau des patients atteints du syndrome de Gerstmann-Sträussler présentait en général beaucoup de plaques amyloïdes, d'un type intermédiaire entre celles observées chez les personnes atteintes de kuru et de maladie d'Alzheimer, alors qu'elles se rencontraient rarement chez les personnes atteintes de Creutzfeldt-Jakob. Pourtant, une étude détaillée de plusieurs cas de syndrome de Gerstmann-Sträussler et des aspects très divers que peut prendre la maladie de Creutzfeldt-Jakob conduisit à la conclusion que le premier n'était qu'une forme un peu particulière de la seconde. En effet, les plaques amyloïdes présentes chez les patients atteints du syndrome de Gerstmann-Sträussler contenaient la protéine du prion, et ce syndrome, comme la maladie de Creutzfeldt-Jakob, pouvait, au moins dans certains cas, être transmis à des primates.

Le syndrome de Gerstmann-Sträussler constituait donc un autre déguisement du Mal.

Il s'agissait d'une maladie très rare, ne touchant guère plus d'une personne sur cent millions. Même si des cas sporadiques avaient été observés, elle avait souvent un caractère familial. Dans les familles affectées, en moyenne la moitié des individus étaient touchés à chaque génération. Dans une telle situation, on pouvait toujours incriminer une infection congénitale, comme cela se produisait jadis avec la tuberculose. Cependant, plusieurs arguments faisaient plutôt pencher vers l'hypothèse d'une maladie génétique causée par une mutation dominante, comme l'avaient postulé les premiers auteurs qui ont décrit ce syndrome. S'il s'agissait d'une maladie génétique, et vu le rôle essentiel joué par le prion dans les maladies de ce type, on pouvait se demander si le syndrome de Gerstmann-Sträussler ne résultait pas d'une mutation dans le gène du prion. C'est effectivement la conclusion à laquelle sont parvenus Prusiner et ses collaborateurs en 1989. Dans deux familles, l'une américaine et l'autre britannique, toutes deux atteintes du syndrome de Gerstmann-Sträussler, ils ont identifié un même changement de paire de bases dans le gène du prion, conduisant à un changement dans la nature du 102ᵉ acide aminé dans la protéine. Ce changement était spécifique du syndrome de Gerstmann-Sträussler. On ne le trouvait ni dans un échantillon de cent personnes prises dans la population générale, ni chez quinze patients atteints d'autres formes de la maladie de Creutzfeldt-Jakob.

Le syndrome de Gerstmann-Sträussler apparaissait donc comme une maladie génétique due à une mutation dans le gène du prion. Pourtant, elle pouvait être transmise à l'animal, et était donc aussi infectieuse.

Ces résultats devaient donner le signal d'une avalanche de travaux démontrant que les divers cas connus de maladie de Creutzfeldt-Jakob à caractère familial, ou présentant une prévalence anormalement élevée dans une région géographique, correspondaient à la mutation du gène du prion. La mutation était la même au sein d'une famille, ou au sein d'une région, mais le plus souvent différente pour les différentes familles, pour les différentes régions. On connaît ainsi aujourd'hui une vingtaine de mutations associées à l'apparition de formes variées de Creutzfeldt-Jakob. Nous citerons deux exemples.

Le premier est celui d'une nouvelle forme du Mal, décrite pour la première fois en 1986, et qui, comme les autres, a d'abord été considérée comme une maladie nouvelle. Elle a reçu le nom d'« insomnie fatale familiale ». En effet, elle se caractérisait tout d'abord par une perte du sommeil, partielle puis totale, s'accompagnant d'épisodes de rêves éveillés de plus en plus fréquents. Elle conduisait à la mort en moins d'un an. Ni les symptômes cliniques ni les lésions du système nerveux n'évoquaient une maladie de Creutzfeldt-Jakob. Pourtant, là encore, il s'agissait d'une variante de celle-ci. Comme dans le cas du syndrome de Gerstmann-Sträussler, une forme résistante aux protéases de la protéine prion a été trouvée dans le cerveau des personnes atteintes, et la maladie put être transmise à l'animal. Les malades portaient une mutation dans le gène du prion avec un changement d'acide aminé à la position 178. Cette mutation était spécifique de l'insomnie fatale familiale, en ce sens que toutes les personnes testées présentant ces symptômes cliniques portaient cette mutation. Cependant, l'inverse n'était pas vrai, car des personnes portant cette mutation pouvaient présenter des symptômes plus proches de ceux de la maladie de Creutzfeldt-Jakob classique. Dans ce cas, comme dans d'autres d'ailleurs, on constatait que la nature de la mutation ne déterminait pas entièrement les caractéristiques de la maladie.

Le deuxième exemple est celui, plusieurs fois mentionné, des juifs d'origine libyenne en Israël. Les patients atteints de maladie de Creutzfeldt-Jakob dans ce groupe ethnique ont été trouvés porteurs d'une mutation dans le gène du prion : dans ce cas, c'était l'acide aminé à la position 200 qui avait changé. Cette même mutation a été retrouvée par la suite dans d'autres familles juives d'origine méditerranéenne, en dehors d'Israël. Des études généalogiques laissent penser que le gène porteur de la mutation provient d'un lointain ancêtre commun qui aurait pu vivre dans l'île de Djerba, en Tunisie. Cette découverte fit abandonner définitivement l'idée que la forte prévalence de la maladie de Creutzfeldt-Jakob dans ce groupe ethnique était due aux habitudes alimentaires de ses membres. La même mutation fut retrouvée par la suite dans plusieurs autres pays, notamment en Europe centrale et en Amérique du Sud. Cela a permis de remonter à un foyer initial chez des juifs sépharades qui avaient quitté l'Espagne du fait de l'Inquisition en 1492.

Dans les cas mentionnés ci-dessus de maladie familiale, la mutation n'était généralement présente que sur l'un des deux exemplaires du gène du prion. Cet unique exemplaire muté suffisait à entraîner la maladie. La mutation était donc bien dominante, comme l'avaient laissé penser les études généalogiques. Par contre, la présence de la mutation ne suffisait pas toujours à entraîner l'apparition de la maladie. Certes, le fait de porter une mutation à la position 102 entraînait la quasi-certitude d'être victime du syndrome de Gerstmann-Sträussler, sauf décès prématuré pour une autre raison, alors que les juifs d'origine libyenne présentant un changement d'acide aminé à la position 200 étaient susceptibles de vivre jusqu'à un âge avancé sans contracter la maladie de Creutzfeldt-Jakob.

Ainsi la maladie de Creutzfeldt-Jakob, sous ses diverses formes, était à la fois infectieuse et héréditaire. Quelle interprétation pouvait-on donner d'un fait aussi paradoxal ?

Revenons à l'hypothèse du prion. Selon celle-ci, la protéine infectieuse consisterait en une forme anormale d'une protéine habituellement présente dans le cerveau. La protéine normale prendrait la conformation anormale au contact de la protéine infectieuse. Dans cette hypothèse, on peut aisément imaginer que certaines mutations du gène de la protéine conduisent cette dernière à prendre spontanément la conformation pathogène et infectieuse. La probabilité d'un tel événement pourrait être différente selon les mutations. Cela expliquerait que, dans certains cas, les personnes porteuses de la mutation soient pratiquement toutes touchées par la maladie, alors qu'avec d'autres mutations, il existerait une chance que la maladie ne se déclare pas.

L'interprétation proposée pour les maladies de Creutzfeldt-Jakob à caractère familial pourrait être adaptée aux cas, de loin les plus fréquents, de maladie de Creutzfeldt-Jakob sporadique. La première idée qui vienne à l'esprit serait que ces cas correspondent eux aussi à des mutations dans le gène du prion. Si ces mutations n'étaient apparues que lors de la formation de l'ovule ou du spermatozoïde chez les parents du malade, ou même au tout début de la formation de l'embryon, les ascendants n'en auraient pas été porteurs et la maladie ne présenterait pas un caractère familial. Cependant, l'analyse du gène du prion chez de nombreuses personnes atteintes de Creutzfeldt-Jakob sporadique a conduit à éliminer cette hypothèse : ces malades ne portaient pas de mutation dans le gène du prion.

Une seconde idée, proche de la première, serait qu'une mutation s'est produite au cours du développement de l'individu, de telle sorte que seules les cellules issues de celle où s'est produite la mutation en seraient porteuses. Si une telle mutation (dite « somatique ») s'était produite au cours du développement de l'embryon, dans une cellule destinée à donner naissance au système nerveux, seul celui-ci porterait la mutation, mais pas les autres tissus. Ainsi, bien que la plupart des cellules de l'individu soient dépourvues de mutation, il suffirait en fait qu'un petit nombre de cellules, effectivement porteuses d'une mutation, synthétisent une petite quantité de protéine infectieuse, et que celle-ci convertisse de proche en proche en protéine infectieuse la protéine normale synthétisée par les autres cellules.

Une autre hypothèse suppose que la protéine normale ait une probabilité, extrêmement faible mais non nulle, de prendre la conformation infectieuse. Lorsque cela se produirait, chez une personne sur un million environ, une réaction en chaîne se déclencherait, la protéine mal formée contaminant progressivement un bon nombre des molécules normales, comme lors d'une infection. Dans ce schéma, les mutations présentes dans les formes familiales auraient pour seul effet d'accroître la probabilité que la protéine prenne spontanément la conformation infectieuse.

Nous voici donc en présence d'une théorie permettant d'expliquer comment une maladie peut être à la fois infectieuse, spontanée et héréditaire. Quelle revanche pour les spontanéistes qui s'opposaient à Pasteur au XIXe siècle !

Revanche aussi pour les éleveurs et les vétérinaires qui considéraient la tremblante comme une maladie héréditaire ? Dans ce cas, la situation n'est pas aussi claire. Revenons-y brièvement.

Dès les premières descriptions de la tremblante, au XVIIIe siècle, de nombreux éleveurs la considéraient comme une maladie héréditaire. Par la suite, la démonstration qu'elle était due à un agent infectieux et les observations indiquant qu'elle était contagieuse ont conduit à abandonner cette idée. Les cas prétendus héréditaires ou spontanés étaient considérés comme résultant d'une contamination qui n'avait pas été détectée. Aujourd'hui, dans la mesure où la maladie de Creutzfeldt-Jakob apparaît comme pouvant être héréditaire ou spontanée, on est en droit de se demander s'il n'en est pas de même pour la tremblante. Autrement dit, s'il paraît très vraisemblable qu'une proportion importante de cas de tremblante dans les troupeaux de moutons résultent de la contagion, certains cas ne pourraient-ils pas être spontanés ou héréditaires ?

Cette question n'a pas reçu de réponse satisfaisante. On peut seulement remarquer que certains pays, comme l'Australie, paraissent dépourvus depuis longtemps de tremblante. Ce ne devrait pas être le cas s'il existait des cas de tremblante sporadique, comme il existe des cas de maladie de Creutzfeldt-Jakob sporadique. La force de cet argument reste cependant toute relative. En effet, des cas isolés de tremblante, sans qu'il y ait contagion à d'autres bêtes du troupeau, seraient susceptibles de passer inaperçus.

On ignore donc s'il existe des formes sporadiques ou familiales de la tremblante chez l'animal comme il en existe pour la maladie de Creutzfeldt-Jakob chez l'homme. On sait par contre maintenant, avec certitude, que la sensibilité à l'infection par la tremblante est soumise à un contrôle génétique. Des observations détaillées ont été faites chez la souris.

Lors des premières transmissions de la chèvre à la souris, Chandler avait constaté que toutes les lignées de souris n'étaient pas également réceptives. Ce problème a été repris quelques années plus tard par un autre groupe de chercheurs britanniques, dont Alan Dickinson. Dès 1968, ce groupe avait identifié l'existence d'un gène gouvernant la durée d'incubation de la maladie chez la souris. Il avait en effet constaté qu'avec une des lignées de souris dont il disposait, la durée d'incubation était de trente-sept semaines alors qu'elle était de vingt et une à vingt-six semaines avec cinq autres lignées. Lorsqu'il effectua des croisements entre la lignée à longue incubation et une lignée à courte incubation, il constata que ce caractère se comportait comme un trait génétique : le caractère « durée d'incubation de la tremblante » était porté par un gène. La génétique, puis le génie génétique devaient finalement permettre d'établir, en 1998, que ce gène n'était autre que celui du prion. Il existe des différences ponctuelles de séquence entre les gènes du prion des différentes lignées de souris, et ces différences influent sur la sensibilité de ces animaux à l'inoculation de la tremblante. Des résultats similaires ont été obtenus chez le mouton, où un polymorphisme important du gène, concernant la nature de plusieurs acides aminés de la protéine, conduit à tout un spectre de sensibilités à la tremblante. Cela explique, en particulier, les différences de sensibilité entre les races d'ovins.

Les expériences de Dickinson ont en outre révélé un autre fait, relatif non plus aux lignées de souris mais aux souches de prions. On se souvient peut-être que Pattison et Millson avaient mis en évidence, chez la chèvre, deux souches d'agent de la tremblante, conduisant respectivement aux symptômes « *drowsy* », et « *scratching* ». Dickinson, quant à lui, a identifié plusieurs souches d'agent se différenciant notamment par la durée d'incubation de la maladie qu'ils provoquaient. Travaillant avec deux telles souches d'agent, il les inocula à deux lignées de souris se différenciant elles-mêmes par la durée d'incubation. Le résultat ne fut pas du tout celui qu'on aurait pu prévoir : la lignée de souris qui donnait une incubation courte avec l'un des agents en donnait une longue avec l'autre et *vice versa*. Les différences de séquence des protéines des deux lignées de souris ne correspondaient donc pas à des différences absolues de sensibilité à l'infection mais à des différences de sensibilité spécifique à telle ou telle souche de prion. Nous reviendrons sur cette question des souches de prion qui n'est pas facile à intégrer dans la théorie du prion telle que nous l'avons exposée jusqu'à présent.

Cette théorie, admise par la majorité des spécialistes aujourd'hui, il est temps de la résumer.

Les encéphalopathies spongiformes subaiguës transmissibles, ou ESST, c'est-à-dire notamment la tremblante chez les animaux et la maladie de Creutzfeldt-Jakob chez l'homme, sont dues à une protéine, qui a reçu le nom de « prion ». Cette protéine existe sous une forme non pathogène, dite « normale », chez tous les mammifères. Elle peut prendre une forme anormale, pathogène, infectieuse, correspondant vraisemblablement à un repliement différent de la chaîne d'acides aminés. La transition entre forme normale et forme infectieuse peut se produire spontanément, de façon exceptionnelle : ce sont les cas de maladie de Creutzfeldt-Jakob sporadique. La présence de certaines mutations dans le gène de la protéine prion a pour conséquence d'accroître la probabilité d'une telle transition : ce sont les formes familiales de la maladie de Creutzfeldt-Jakob. La forme infectieuse a la capacité de contraindre la forme normale à prendre la conformation infectieuse : c'est ce qui se produit lors de la contagion naturelle des troupeaux par la tremblante, lors des contaminations iatrogènes par la maladie de Creutzfeldt-Jakob, et ce qui s'est produit pour le kuru du fait des pratiques de cannibalisme. Cette capacité de la protéine infectieuse à convertir la protéine normale en protéine infectieuse explique également la diffusion du Mal dans le corps, dès lors que la conversion d'une forme à l'autre s'est produite dans une cellule, soit spontanément, soit à la suite d'une infection.

Cette théorie, on l'a compris, a bousculé beaucoup d'idées reçues. Même si elle n'explique pas tout, elle doit pourtant comporter une grande part de vérité. Cela fut reconnu par le comité Nobel en 1997, qui a attribué pour la deuxième fois un prix pour des travaux portant sur les

ESST. Le bénéficiaire, bien naturellement, en fut Stanley Prusiner, qui avait introduit le concept du prion.

Ébauché en 1982, avec la création du nom, ce concept n'a réellement commencé à prendre forme qu'en 1985 avec la démonstration que le gène du prion était présent chez tous les mammifères. L'attribution du prix Nobel à Prusiner a traduit le fait que, douze ans plus tard, ce concept avait acquis suffisamment de solidité pour être admis par la majorité de la communauté scientifique, et cela en dépit de son caractère initialement quelque peu hérétique. À l'issue de ces douze années, alors que l'on aurait voulu pouvoir se réjouir de cette nouvelle victoire de l'esprit humain, on dut malheureusement constater que, pendant que les chercheurs progressaient à pas de géant dans la compréhension du Mal, celui-ci tirait parti de progrès réalisés en médecine et en agriculture pour faire de nouvelles victimes. Les craintes qui se faisaient jour en avril 1985 s'étaient en effet matérialisées. Le nombre des patients atteints de la maladie de Creutzfeldt-Jakob du fait de l'administration d'hormone de croissance contaminée n'avait cessé de croître, et l'épidémie dite des « vaches folles » avait pris des dimensions catastrophiques pour l'élevage, et terriblement inquiétantes pour la santé humaine.

XIX

GRANDIR ET MOURIR

Grandir et mourir. Ce fut le destin tragique d'au moins cent quarante enfants traités avec de l'hormone de croissance et contaminés par l'agent de la maladie de Creutzfeldt-Jakob. Le bilan final de ce drame n'est pas encore connu car, malheureusement, du fait de la durée d'incubation de cette maladie, de nouveaux cas continuent à se déclarer chaque année.

En avril 1985, l'annonce des premiers cas avait pris au dépourvu les spécialistes qui, dans leur très grande majorité, n'avaient pas envisagé sérieusement la possibilité de cette contamination. Bien que, dès 1974 -1977, Gajdusek et ses collaborateurs aient attiré l'attention sur les risques liés à la transmission de l'agent de la maladie de Creutzfeldt-Jakob lors d'opérations de neurochirurgie, de transplantation d'organes, ou même de dons de sang, aucune publication scientifique antérieure à avril 1985 n'avait mentionné ce risque dans le cas particulier de l'hormone de croissance. Il s'est avéré par la suite que certains s'en étaient inquiétés au sein du *Medical Research Council* en Grande-Bretagne, et nous verrons plus loin comment ils ont tenté d'évaluer ce risque. En France, la question avait également été soulevée, en 1980, dans des conditions qui méritent d'être rapportées.

À la fin de l'année 1979, une contamination iatrogène par le virus de la rage se produisit lors d'une greffe de cornée dans un hôpital français. Comme c'était le premier cas de rage humaine en France depuis de très nombreuses années, cet accident fit grand bruit. Il conduisit l'Association France Hypophyse à s'inquiéter qu'une contamination virale puisse également se produire par l'intermédiaire de l'hormone de croissance. L'Association décida alors de solliciter l'avis d'un virologiste. Elle s'adressa à Luc Montagnier, qui travaillait à l'Institut Pasteur, mais n'avait pas encore découvert le virus du sida. Dans sa réponse [1], Montagnier évoquait la maladie de Creutzfeldt-Jakob, probablement inconnue de la plupart des membres de l'Association :

« Les dangers de contamination de la préparation hormonale peuvent donc provenir de sujets morts soit d'affections aiguës à virus neurotrope... soit d'encéphalopathies à virus lents, dont certains sont... des agents atypiques encore mal caractérisés (maladie de Kreutzfeldt-Jacob) [2] ou simplement supposés (sclérose en plaques, Parkinson)... Une attention particulière doit être portée au danger de transmission de la maladie de Kreutzfeldt-Jacob (K.J.), maladie certes rare (un cas pour un million en moyenne), mais dont les sujets porteurs de l'agent infectieux peuvent être beaucoup plus nombreux. L'agent infectieux, similaire, sinon identique, à ceux du kuru et du scrapie du mouton, est extrêmement résistant à la chaleur, aux agents dénaturants, aux radiations ionisantes et non ionisantes... je suggère que dans l'immédiat soient prises des mesures de prévention visant à diminuer les risques ci-dessus mentionnés : éliminer comme donneurs d'hypophyse :
– Tous les sujets morts d'une affection virale aiguë à virus neurotrope (...)

– Tous les sujets morts d'une encéphalopathie d'origine virale ou non virale...
– Tous les sujets ayant présenté des troubles neuropsychiatriques graves et à évolution rapide dans les deux années précédant leur décès (celui-ci pouvant avoir une autre cause). Ceci permettrait d'éliminer les malades porteurs de Kreutzfeldt-Jacob, mais décédés pour une autre cause avant le terme de leur maladie (qui dépasse rarement dix-huit mois), mais pas des maladies à évolution plus lente comme la sclérose en plaques ou le Parkinson, dont l'origine virale, il est vrai, n'est pas prouvée.
Dans le futur, on peut envisager une étude où l'on comparerait l'action de très fortes doses de radiations gamma sur l'agent du K.J. et sur l'hormone de croissance elle-même. On peut espérer – mais ce n'est pas certain – obtenir une inactivation sélective de l'agent infectieux. »

Le conseil d'administration de l'Association France Hypophyse se réunit quelques jours plus tard pour décider des suites à donner au rapport de Montagnier. À l'issue de la discussion, le président fondateur de l'Association, le grand pédiatre Pierre Royer, rappela d'abord que « jusqu'à présent, sur près de six cents enfants traités (par l'hormone de croissance) en France et surveillés trimestriellement de façon systématique, aucun accident ou incident n'a été constaté. Le risque, s'il existe, est donc très minime. Il faut cependant viser la sécurité complète ». Il suggéra donc que l'on suive les recommandations de Montagnier pour la collecte des hypophyses, ce qui fut approuvé par le conseil. Celui-ci décida d'envoyer aux hôpitaux effectuant les prélèvements une notice précisant les mesures à prendre. Il demanda en outre que soient entreprises des expériences pour examiner si des rayonnements ionisants (rayons gamma) seraient susceptibles d'inactiver l'agent de la maladie de Creutzfeldt-Jakob sans détruire l'hormone de croissance. Ces expériences furent effectuées, après consultation du célèbre radiobiologiste Raymond Latarjet, qui avait lui même étudié antérieurement la sensibilité de l'agent de la tremblante aux rayonnements. Les résultats ne furent pas concluants : les hypophyses soumises à la dose de rayons qui aurait été nécessaire ne fournissaient plus d'hormone active.

Les nouvelles règles pour la collecte des hypophyses ayant été précisées selon les recommandations du conseil d'administration, la préparation et la distribution de l'hormone reprirent comme auparavant. Le risque de transmission de la maladie de Creutzfeldt-Jakob ne devait plus être évoqué jusqu'en avril 1985. Une enquête de l'inspection générale des affaires sociales, menée en 1983, si elle s'éleva contre certaines pratiques administratives et financières relatives au prélèvement des hypophyses, ne mentionna à aucun moment des risques possibles de transmission de maladies infectieuses. Les termes de « maladie de Creutzfeldt-Jakob » ne figuraient pas dans le rapport. L'Association France Hypophyse, mais également toutes les autres organisations ou industries qui produisaient l'hormone dans le monde, avaient confiance dans la qualité de leur produit, obtenu à l'issue de plusieurs étapes de purification. Et cette confiance, contrairement à ce que beaucoup pensent aujourd'hui, ne disparut pas du jour au lendemain lorsque les premiers cas de contamination probable par l'agent de Creutzfeldt-Jakob furent rapportés, en avril 1985.

Ainsi, dans l'éditorial de la revue *The Lancet*, annonçant le 18 mai l'interdiction d'utiliser l'hormone de croissance en Grande-Bretagne, on peut lire :

« La méthode d'extraction utilisée aux États-Unis pour préparer l'hormone de croissance diffère de celle utilisée en Grande-Bretagne et le risque lié à l'utilisation des préparations britanniques les plus récentes est probablement très réduit. Comme pour tous les procédés d'extraction, de grandes améliorations lui ont été apportées d'année en année, et les hormones préparées actuellement sont beaucoup plus pures qu'elles ne l'étaient initialement. Cependant, comme il est impossible de garantir une sécurité absolue, il a été jugé préférable d'interdire l'utilisation des stocks actuels d'hormone et d'attendre que soit disponible l'hormone biosynthétique, ce qui devrait être le cas dans l'année [3]. »

C'était bien là l'état d'esprit de nombreux médecins à l'époque, non seulement en Grande-Bretagne, mais également en France et dans d'autres pays. On pensait qu'il y avait peut-être eu contamination – certains en doutaient, d'ailleurs – mais cela s'était produit à la fin des années 1960 ou au tout début des années 1970, alors que l'hormone utilisée n'était pas très pure. Un renouvellement de ce type d'accident paraissait très improbable, vu les améliorations considérables apportées à la méthode de purification. Les Britanniques avaient d'ailleurs une raison précise de raisonner ainsi.

En effet, nous avons mentionné que certains chercheurs du *Medical Research Council* s'étaient inquiétés du problème à la fin des années 1970. Afin d'en avoir le cœur net, ils avaient décidé de simuler une contamination de leurs hypophyses et de voir si leur méthode de purification permettait de se débarrasser de l'agent infectieux. Plutôt que l'agent de la maladie de Creutzfeldt-Jakob, difficile à doser et dangereux à manipuler, ils utilisèrent celui de la tremblante, dont ils ajoutèrent une préparation à un extrait hypophysaire. Ils purifièrent alors l'hormone à partir de cet extrait, et dosèrent, par inoculation à la souris, la quantité d'agent infectieux présent dans les fractions purifiées. Le résultat, qu'ils obtinrent dès 1983 mais ne publièrent qu'en août 1985, fut qu'ils ne purent détecter de pouvoir infectieux dans l'hormone purifiée. Leur méthode de purification, qui était aussi utilisée en France et ailleurs, semblait donc capable de débarrasser l'hormone d'une éventuelle contamination par l'agent de la maladie de Creutzfeldt-Jakob. Les auteurs attirèrent cependant l'attention sur la nécessité d'apporter le plus grand soin aux détails des manipulations au cours de l'extraction et de la purification. Il importait d'éviter, par exemple, de re-contaminer une fraction purifiée avec du matériel qui n'aurait pas été soumis aux procédures de stérilisation particulières que nécessite l'élimination de ce type d'agent infectieux. Cela dit, même si le risque de transmission paraissait très faible, il n'était pas nul et des mesures devaient être prises pour le réduire encore, ou l'éliminer.

Les États-Unis et la Grande-Bretagne, nous l'avons vu, suivis par un certain nombre d'autres pays, décidèrent d'interdire immédiatement l'utilisation de l'hormone extraite d'hypophyses humaines. Malgré les risques, une telle décision aurait sans doute été plus difficile à prendre si cette interdiction avait signifié l'arrêt définitif d'un traitement fort apprécié des malades et de leurs familles. En fait, fort heureusement, une autre méthode de production de l'hormone était près de voir le jour. Elle faisait suite à des travaux entrepris dès la fin des années 1970 tant en France, à l'Institut Pasteur, qu'aux États-Unis, à l'Université de Californie. Ces travaux, dont les premiers résultats furent publiés en 1979, avaient consisté à introduire le gène de l'hormone de croissance humaine dans une bactérie, de façon à « contraindre » celle-ci à synthétiser l'hormone. Outre leur intérêt scientifique – le génie génétique n'en était qu'à ses débuts – ces travaux avaient pour but initial de fournir une source non limitée d'hormone. L'intérêt du point de vue de la sécurité n'était pas envisagé. Au contraire, pourrait-on dire ! En effet, à l'époque, en 1979, le génie génétique était considéré avec circonspection par une grande partie de la population. Beaucoup s'inquiétaient de l'emploi de produits issus de cette technologie. En 1985 cependant, l'état d'esprit avait changé et une hormone produite par des bactéries apparut comme la solution aux problèmes qui venaient d'apparaître avec l'hormone extraite d'hypophyses. Il se trouvait que l'une des premières sociétés de biotechnologie américaines, Genentech, avait poursuivi les travaux commencés en 1979 et était sur le point d'en commercialiser. Cette coïncidence, en définitive fort heureuse, en a cependant laissé plus d'un perplexe à l'époque. Certains ont vu la publicité faite autour de rares cas, parfois seulement présumés, de maladie de Creutzfeldt-Jakob chez des enfants traités avec de l'hormone extraite d'hypophyses, comme destinée à préparer le terrain à la sortie de l'hormone dite « biosynthétique » ou « recombinante ». Quoi qu'il en soit, cette hormone recombinante a commencé d'être commercialisée aux États-Unis en 1986 et elle a totalement supplanté l'hormone extraite d'hypophyses dans presque tous les pays à partir de 1988.

Si les États-Unis, la Grande-Bretagne et quelques autres pays cessèrent d'utiliser l'hormone extraite d'hypophyses dès le printemps 1985, ce ne fut pas le cas partout. En France, en particulier, la décision fut prise de continuer à utiliser cette hormone, mais en modifiant la technique de purification pour éliminer, ou rendre infimes, les risques de contamination. La modification essentielle consistait à traiter l'hormone purifiée avec de l'urée concentrée. L'urée est un produit connu pour « débobiner » les protéines, pour défaire l'espèce de pelote que forme la chaîne d'acides aminés au fur et à mesure de sa synthèse. Une fois défaite, la pelote ne se reforme que difficilement, ou pas du tout, lorsqu'on enlève l'urée. Or, au cours des recherches concernant la nature de l'agent de la tremblante, on avait constaté que l'urée concentrée détruisait le pouvoir infectieux de cet agent. Par ailleurs, et les Français responsables de la préparation de l'hormone ne l'apprirent qu'en avril 1985, certaines sociétés pharmaceutiques utilisaient de l'urée au cours de la préparation de l'hormone. Ce n'était aucunement pour se protéger contre une éventuelle contamination, mais pour dissocier des agrégats que forme parfois l'hormone, et donc pour accroître le rendement. Cependant, ce fait était très important, car il démontrait que l'hormone, contrairement à la plupart des protéines, n'était pas inactivée par l'urée. Celle-ci pouvait donc être utilisée pour faire ce que n'avait pu réaliser l'irradiation aux rayons gamma : inactiver sélectivement l'agent de la maladie de Creutzfeldt-Jakob, très proche de celui de la tremblante, sans inactiver l'hormone.

À partir de mai 1985, et jusqu'à son remplacement par l'hormone biosynthétique en 1988, l'hormone produite en France fut donc traitée à l'urée, et il en fut de même dans plusieurs autres pays. Des raisons diverses motivèrent la décision française de poursuivre la distribution de l'hormone extraite d'hypophyses, parmi lesquelles l'incertitude sur la date à laquelle serait disponible l'hormone biosynthétique et une certaine méfiance vis-à-vis de cette dernière. Méfiance motivée, en particulier, par le fait que la première hormone biosynthétique mise sur le marché n'était pas strictement identique à l'hormone naturelle. Elle possédait un acide aminé supplémentaire à l'une de ses extrémités. Aussi pouvait-on craindre que cette hormone ne soit reconnue comme un corps étranger par le système immunitaire et rejetée par le patient. C'était là un problème qui avait été rencontré dans le cas de certains diabétiques traités avec une insuline porcine ou bovine, légèrement différente de l'hormone humaine. Quoi qu'il en soit, et autant que l'on peut en juger aujourd'hui, les décisions prises dans les différents pays ont toutes eu la même efficacité : aucun cas de maladie de Creutzfeldt-Jakob connu aujourd'hui ne peut être attribué à un traitement à l'hormone de croissance commencé après juin 1985. Par contre, malheureusement, pour les enfants traités avant cette date, le mal était fait.

Pourtant, pendant trois ou quatre ans, il sembla que les quatre cas rapportés en avril 1985 constituaient des accidents exceptionnels. On pensa pouvoir les rapporter à la contamination d'un seul lot d'hypophyses, à partir duquel l'hormone aurait été purifiée selon une méthode ancienne et abandonnée depuis. Certes, trois nouveaux cas ont été rapportés en 1987-1988, mais cela ne faisait malgré tout que sept cas pour environ vingt-cinq mille enfants traités à l'hormone. On pouvait difficilement parler d'épidémie et les faits semblaient donner raison à ceux qui avaient exprimé leur confiance dans les procédés de préparation de l'hormone. À partir de 1989-1990, hélas, la situation devait changer. En 1990, le nombre cumulé de décès par maladie de Creutzfeldt-Jakob imputables à l'hormone de croissance s'élevait à treize : sept aux États-Unis, quatre en Grande-Bretagne, un en Nouvelle-Zélande, et un au Brésil. La France serait-elle épargnée ? Malheureusement pas, bien au contraire.

En 1992, les Français rapportaient quatre cas de la maladie chez deux enfants de dix et onze ans, et deux jeunes adultes de dix-huit et dix-neuf ans, les premiers signes étant apparus entre six et douze ans après le début d'un traitement à l'hormone de croissance. Par la suite, le nombre de cas ne devait cesser d'augmenter, particulièrement en France. À la fin de l'année 2000, le nombre total de cas répertoriés était de cent trente-neuf, dont soixante-quatorze en France. Il ne peut alors évidemment plus être question d'incriminer un lot unique d'hypophyses ni une méthode particulière de préparation. Plusieurs lots ont nécessairement été contaminés et les méthodes modernes de purification, jusqu'à l'introduction du traitement à l'urée qui a réglé le problème, n'ont pas été plus efficaces que les anciennes pour décontaminer totalement l'hormone. En France, le degré de contamination semble avoir été plus élevé qu'ailleurs. Cela s'est traduit par le nombre plus élevé de victimes mais aussi par une durée d'incubation qui paraît plus courte. Une analyse épidémiologique rétrospective indique que les jeunes Français contaminés l'ont été durant une période critique qui s'est étendue de fin 1983 à mai 1985. Une contamination importante a donc dû se produire durant cette période sans qu'on en connaisse les raisons avec certitude.

Pour tous les enfants ou jeunes adultes qui sont morts ainsi et pour leur famille, ce fut une tragédie. Pour ceux qui ont été traités à l'hormone, surtout le millier de jeunes Français qui l'ont été durant la période critique, et qui sont aujourd'hui bien portants, c'est l'angoisse.

XX

LES LEÇONS DU DRAME

Ce drame pouvait-il être évité ? En théorie, peut-être, mais au prix d'un renoncement au traitement du nanisme hypophysaire.

Des informations qui auraient pu indiquer le danger lié à un traitement à l'hormone de croissance extraite d'hypophyses humaines existaient dans la littérature scientifique dès la fin des années 1960, c'est-à-dire avant même que l'Association France Hypophyse ne soit créée en France. Cependant, ces informations n'étaient pas connues, ou pas appréciées à leur juste valeur par les pédiatres et les endocrinologues impliqués dans le traitement du nanisme hypophysaire. En effet, rappelons que c'est en 1968 que l'équipe de Gajdusek a réussi à transmettre la maladie de Creutzfeldt-Jakob au chimpanzé, démontrant ainsi la grande ressemblance entre cette maladie et la tremblante du mouton, toutes deux désormais appelées « encéphalopathies spongiformes subaiguës ». Les agents de ces deux maladies, quoique de nature inconnue, paraissaient devoir être très similaires. Ce qui était vrai pour la tremblante avait donc de fortes chances de l'être également pour la maladie de

Creutzfeldt-Jakob. Or, les vétérinaires avaient obtenu de nombreux résultats de nature à faire réfléchir ceux qui mettaient en place le traitement du nanisme hypophysaire. En 1963, Chandler avait montré que le cerveau d'une seule souris atteinte de tremblante aurait suffi à infecter des millions, voire des milliards de ses congénères. Au début des années 1950, Pattison et Millson avaient recherché la présence de l'agent de la tremblante dans différents organes de la chèvre infectée, et en avaient trouvé dans l'hypophyse. Quant au fait que la tremblante pouvait être transmise par voie intramusculaire, on le savait depuis la contamination accidentelle, en 1936, de plusieurs centaines de moutons avec un vaccin contre le *louping ill*. À la fin des années 1960, l'existence d'un risque potentiel de transmission de la maladie de Creutzfeldt-Jakob par l'intermédiaire d'hormone extraite d'hypophyses aurait donc pu être soupçonné. Mais quel pédiatre, quel endocrinologue, allait se plonger dans une littérature vétérinaire pour partie vieille de trente ans ? Et puis, il manquait une donnée importante, à savoir la fréquence de la maladie chez l'homme, essentielle pour l'appréciation du risque.

C'est en effet en 1979 seulement que furent publiées les premières données épidémiologiques concernant la fréquence de cette maladie. De cette étude date le fameux chiffre de un sur un million, vérifié par la suite et cité par Montagnier dans sa lettre à l'Association France Hypophyse en janvier 1980. Or ce chiffre, frappant et facile à retenir, faisait de la maladie de Creutzfeldt-Jakob une maladie extrêmement rare, de telle sorte que la probabilité de prélever une hypophyse contaminée paraissait très faible, même si l'on tenait compte d'éventuels « porteurs sains », comme le faisait Montagnier. C'était oublier que les hypophyses n'étaient pas prélevées sur l'ensemble de la population, mais seulement sur les personnes décédées. Or parmi celles-ci, les cas de maladie de Creutzfeldt-Jakob, rapidement mortelle, étaient beaucoup plus fréquents que dans la population générale. Brown, Gajdusek, et leurs collaborateurs soulignèrent ce point dans un article qu'ils publièrent en septembre 1985, à la suite de l'apparition des premiers cas de contamination :

« Aux États-Unis, le taux de mortalité annuel, toutes causes de décès confondues, durant la période 1960-1980, était d'environ 0,9 % pour cent, ce qui, pour une population de 250 millions, faisait un peu moins de 2,5 millions de morts chaque année. Comme le taux de mortalité résultant de la maladie de Creutzfeldt-Jakob est d'environ 0,7 à 1 par million, soit, pour la population des États-Unis, un peu moins de 250 morts par an, il résulte qu'environ une mort sur 10 000 environ est due à cette maladie. Comme les lots d'hypophyses utilisés dans la préparation de l'hormone de croissance ont varié de 500 à près de 20 000 glandes, on peut penser que des contaminations se sont produites fréquemment, à moins que les patients atteints de la maladie de Creutzfeldt-Jakob n'aient été systématiquement exclus comme donneurs d'hypophyses. »

Les auteurs expliquent ensuite que cette exclusion n'avait pas été faite et ne pouvait pas l'être d'une façon réellement efficace. Au contraire, le pourcentage d'hypophyses provenant de sujets atteints de la maladie devait probablement être supérieur à un pour dix mille, car ces malades, une fois décédés, avaient plus de chances d'être soumis à une autopsie impliquant une trépanation, ce qui facilitait le prélèvement de la glande. Autrement dit, il est fort vraisemblable qu'une fraction importante des lots d'hypophyses utilisés dans le monde pour la purification de l'hormone incluaient au moins une glande contaminée.

Les propriétés particulières de l'agent de la maladie, sa tendance à « coller » un peu à tout et à former des agrégats de tailles variables, son extraordinaire résistance aux procédés habituels de décontamination, l'impossibilité de le doser, tout cela ne pouvait que rendre très aléatoire son élimination lors de la purification de l'hormone. C'est donc avec raison que Brown, Gajdusek et leurs collaborateurs envisagèrent au début la possibilité d'une épidémie massive chez les jeunes traités à l'hormone. En fait, si les cas de contamination ont été malheureusement nombreux, de l'ordre de cent quarante dans le monde jusqu'à présent, il paraît vraisemblable que l'épidémie restera limitée, seule une très petite fraction des jeunes traités à l'hormone de croissance devant être touchés. Les raisons pour lesquelles l'épidémie n'a pas pris plus d'ampleur sont sans doute multiples :

– le fait que la méthode de purification a dû permettre d'éliminer une bonne partie de l'agent de la maladie,

– une faible efficacité de l'infection par voie intramusculaire,

– une éventuelle différence de sensibilité individuelle à la maladie,

– et peut-être les propriétés d'agrégation de l'agent de la maladie qui pourraient l'avoir conduit à se concentrer en « paquets » dans un petit nombre seulement des flacons résultant de chaque purification.

Le caractère très aléatoire de la contamination par les lots d'hormones a d'ailleurs été illustré par l'essai qu'ont tenté les Américains d'identifier le ou les lots d'hormones contaminés. En 1985, ils ont injecté des échantillons de soixante-seize lots différents à des singes. Chaque lot était inoculé à trois singes, soit un total de deux cent vingt-huit singes. Au bout de cinq ans et demi, un singe, et un seul, fut atteint de la maladie de Creutzfeldt-Jakob. Il faut noter, en particulier, que les deux autres singes inoculés avec le même lot restèrent indemnes.

Supposons un instant que, à la suite de la note de Montagnier, les producteurs de l'hormone aient souhaité éviter tout risque, ils n'auraient pas eu d'autre solution que de mettre fin immédiatement au traitement du nanisme hypophysaire. En effet, aucune méthode de sélection des donneurs ne leur aurait permis d'être certains d'éviter d'inclure une hypophyse contaminée dans les lots d'où l'hormone était extraite. De plus, en l'absence de technique de dosage biochimique ou immunologique de l'agent de la maladie, aucun moyen n'existait qui permette de s'assurer de l'innocuité de l'hormone purifiée. Décider ainsi d'interrompre une procédure de traitement utilisée depuis vingt ans et qui donnait toute satisfaction, pour un risque purement théorique dû à un agent non identifié, cela aurait certainement été difficile et mal compris par les patients et leurs familles.

Pour être éminemment douloureux, ce drame a pourtant apporté de nouveaux éléments à la connaissance du Mal. L'un d'eux est relatif à ses manifestations cliniques et un autre concerne la prédisposition génétique à la maladie. Ces éléments ont principalement résulté des travaux du groupe de John Collinge en Grande-Bretagne et des spécialistes français des encéphalopathies spongiformes transmissibles, Dominique Dormont et son collaborateur Jean-Philippe Deslys, ainsi que le groupe de Thierry Billette de Villemeur.

Les signes cliniques de la maladie de Creutzfeldt-Jakob iatrogène se sont révélés différents de ceux de la maladie spontanée, dite « sporadique ». Dans le cas de la maladie iatrogène, les premiers signes traduisent systématiquement une atteinte du cervelet, avec, par exemple, des troubles de l'équilibre, alors que dans le cas de la maladie sporadique, ce sont le plus souvent les signes de démence, traduisant une atteinte du cerveau proprement dit, qui prédominent. Ces différences sur le plan clinique ont été corrélées avec une différence dans la localisation de la protéine infectieuse, détectée par sa résistance aux protéases. Elle a été retrouvée en grandes quantités dans le cervelet des sujets atteints de la maladie iatrogène, et en quantité plus faible dans le lobe frontal du cerveau, alors que c'est l'inverse qui est le plus souvent observé dans les cas de maladie sporadique. Par ailleurs, l'examen microscopique du cerveau révèle la présence fréquente de plaques amyloïdes dans le cas de la maladie iatrogène, alors qu'elles se présentent rarement dans le cas de la maladie sporadique. De façon générale, la maladie iatrogène rappelle beaucoup le kuru. Or on ne peut s'empêcher de constater que, dans ces deux cas, il s'est agi d'une contamination dite « périphérique » par injection intramusculaire ou par voie orale, alors que la maladie sporadique trouve vraisemblablement son origine au sein même du système nerveux. Certains pensent que l'infection par voie périphérique pourrait conduire à la sélection d'une souche particulière de prion, différente de celle qui cause les cas sporadiques.

L'autre observation nous ramène au gène du prion. On sait que certaines mutations dans ce gène sont responsables des cas dits « familiaux » de la maladie de Creutzfeldt-Jakob. En dehors de ces mutations, le gène est pratiquement identique dans l'ensemble de la population. Pratiquement, mais pas totalement. Ce gène, comme beaucoup d'autres, est sujet à un certain polymorphisme. Cela signifie qu'il peut présenter de très légères différences de séquences au sein de la population, se traduisant par une ou plusieurs différences d'acides aminés dans la protéine correspondante. Dans le cas de la protéine du prion, l'acide aminé à la position 129 est tantôt une valine (val), tantôt une méthionine (met), deux des vingt acides aminés que l'on trouve dans les protéines. Du fait que chaque individu possède deux exemplaires du gène du prion, ces deux exemplaires peuvent coder une protéine ayant le même acide aminé à la position 129, l'individu étant alors dit « homozygote », ou bien deux protéines ayant des acides aminés différents à cette position, et l'individu est dit « hétérozygote ». Dans la population générale européenne, on trouve environ 51 % d'hétérozygotes (met/val), 37 % d'homozygotes met/met, et 12 % d'homozygotes val/val. Or ce ne sont pas du tout les proportions qui ont été trouvées chez les patients atteints de la maladie de Creutzfeldt-Jakob iatrogène. Dans l'étude française, un premier résultat publié en 1994 fut que la totalité des vingt-trois patients de ce type chez lesquels le gène du prion avait été analysé étaient homozygotes. Cela semblait indiquer que les hétérozygotes, qui devaient représenter environ la moitié des enfants traités à l'hormone, avaient résisté à l'injection de l'agent de la maladie. Cinq ans plus tard, en 1999, la proportion d'homozygotes n'était plus de 100 %, mais elle était encore de quarante-six sur les cinquante-cinq analysés, soit 83 %. Les neuf patients hétérozygotes avaient vu leur maladie se déclarer depuis 1994. Les hétérozygotes ne seraient donc peut-être pas totalement résistants à l'inoculation de l'agent de la maladie, mais la durée d'incubation serait plus longue chez eux que chez les homozygotes.

Le groupe de Collinge a lui aussi trouvé un fort excès d'homozygotes parmi les Britanniques atteints de maladie de Creutzfeldt-Jakob à la suite d'un traitement à l'hormone de croissance. Il s'est alors penché sur les cas de maladie sporadique et eut la surprise de constater le même biais. Chez ces patients, également, le pourcentage d'homozygotes était supérieur à 80 %, c'est-à-dire nettement plus élevé que les 49 % trouvés dans la population générale. Les hétérozygotes, dont les cellules contiennent deux types de protéine du prion, l'une avec une valine et l'autre une méthionine à la position 129, sont donc de façon générale plus résistants à la maladie de Creutzfeldt-Jakob. Ce résultat n'est pas sans rappeler les hypothèses avancées pour rendre compte de la barrière d'espèces. Il se pourrait que les interactions entre protéines du prion, supposées nécessaires au déclenchement du processus infectieux, ne se produisent avec efficacité qu'entre protéines identiques. Ce processus pourrait être retardé, ou même totalement empêché, lorsque les cellules contiennent un mélange de deux espèces protéiques légèrement différentes.

Le drame de la contamination des enfants traités à l'hormone de croissance est apparu en avril 1985, avec l'annonce des premiers cas américains. Par une étrange coïncidence, on s'en souvient, c'est au même moment que se sont produits les premiers cas de ce qui devait être identifié comme la maladie de la vache folle. Il n'y avait au départ aucun lien entre ces événements. Tous deux, pourtant, devaient se traduire par un même résultat, l'infection d'êtres humains par l'agent de la maladie de Creutzfeldt-Jakob.

XXI

FOLLES, LES VACHES ?

S'il est vrai que les premiers cas répertoriés d'encéphalopathie spongiforme bovine datent d'avril 1985, ils ne furent identifiés comme tels que deux ans plus tard. Cela peut surprendre, mais il faut avoir conscience que la mort d'une vache dans un troupeau, même pour des raisons mal définies, n'est pas un événement suffisamment exceptionnel pour justifier une analyse approfondie des causes du décès. L'animal est passé par profits et pertes, on l'envoie à l'équarrisseur, et l'on n'en parle plus. Là où les choses deviennent plus sérieuses, c'est lorsque plusieurs animaux du même troupeau viennent à mourir de ce qui paraît être la même maladie : on peut craindre une épidémie. Il revient alors au vétérinaire de prévenir les autorités sanitaires. C'est précisément ce qui se produisit dans un comté du sud de l'Angleterre où, entre avril 1985 et février 1986, neuf vaches d'un troupeau furent atteintes de troubles nerveux graves conduisant progressivement à la mort ou nécessitant l'abattage. En novembre 1986, les cerveaux de deux de ces animaux furent examinés au Laboratoire vétérinaire central de Weybridge, près de Londres, et une encéphalopathie spongiforme fut diagnostiquée. Entre décembre 1986 et mai 1987, des lésions du même type furent observées dans les cerveaux de quatre autres vaches, dont trois provenaient de trois nouveaux troupeaux, issus de comtés différents. Le doute n'était désormais plus permis : il se passait quelque chose d'étrange chez les bovins anglais. Les vétérinaires du pays furent informés de l'existence de cette maladie apparemment nouvelle et incités à en faire la déclaration dès qu'ils en percevraient les symptômes chez un animal. La communauté scientifique, quant à elle, ne fut informée que lors de la parution, fin octobre 1987, d'un article signé par Gerald Wells et d'autres membres des Services centraux vétérinaires.

C'est dans cet article que furent décrits brièvement, pour la première fois, les symptômes de la maladie ainsi que les lésions cérébrales correspondantes, dont l'aspect conduisit les auteurs à introduire la dénomination « encéphalopathie spongiforme bovine » ou ESB. Les lésions se trouvaient principalement dans la substance grise du tronc cérébral, là où la moelle épinière se raccorde au cerveau. Elles se caractérisaient par la présence de nombreuses vacuoles, ce qui justifiait le qualificatif « spongiforme » donné à la maladie. La grande similitude avec les lésions caractérisant la tremblante du mouton était soulignée par les auteurs, et cela d'autant plus que, dans l'un des cas, avaient été observées des fibrilles semblables à celles trouvées dans les extraits de cerveaux d'animaux atteints de tremblante. La suspicion était donc forte que l'on était en présence d'une nouvelle incarnation du Mal, d'une nouvelle encéphalopathie spongiforme transmissible, mais il restait à le prouver.

La mobilisation des vétérinaires, au printemps 1987, devait rapidement porter ses fruits. Plusieurs dizaines de nouveaux cas furent rapportés. Leur nombre et leur distribution rendaient indispensable une étude épidémiologique complète, visant à mesurer l'extension de la maladie et à en rechercher les causes. L'enquête épidémiologique fut donc lancée dès juin 1987.

L'année 1988 constitua un tournant : le caractère transmissible de l'ESB fut établi, les causes probables de son apparition furent découvertes et les premières mesures prises pour tenter de mettre fin à cette épidémie d'un nouveau genre. En outre, l'éventualité d'une transmission à l'homme commença d'être évoquée.

Le caractère transmissible de l'ESB et son rattachement au groupe des maladies à prions firent l'objet de deux courtes notes publiées en octobre et novembre 1988. D'une part, des broyats de cerveaux de vaches atteintes d'ESB inoculés à des souris provoquaient l'apparition de symptômes cliniques et de lésions cérébrales caractéristiques de la tremblante. D'autre part, les extraits de cerveau des vaches atteintes d'ESB contenaient des fibrilles semblables à celles que l'on trouve chez les animaux atteints de tremblante. Ces fibrilles contenaient une protéine résistant aux protéases et dont la séquence d'acides aminés était très proche de celle du prion de mouton. Selon toute vraisemblance, cette protéine était le prion des bovins.

Décembre 1988 vit la publication de la première étude épidémiologique sur l'ESB signée de John Wilesmith et ses collaborateurs. De cette étude, portant sur près de sept cents cas et qui apportait plusieurs données sur lesquelles nous reviendrons, nous ne retiendrons pour l'instant que les conclusions sur l'origine probable de la maladie. Plusieurs autres hypothèses ayant été écartées, la conclusion s'est imposée que les bovins devaient avoir été infectés par de l'agent de la tremblante du mouton présent dans des additifs alimentaires. Parmi ces additifs, on comptait des farines animales préparées à partir de déchets de viande et d'os provenant des abattoirs et des centres d'équarrissage. Une partie de ces déchets était d'origine ovine et pouvait donc avoir été contaminée par l'agent de la tremblante, maladie toujours endémique en Grande-Bretagne. Cependant, nous le verrons, l'utilisation de farines animales pour nourrir les bovins n'était pas un phénomène nouveau, pas plus que l'existence de la tremblante. Pourquoi donc l'apparition de l'ESB en 1985 et pas plus tôt ? Les auteurs avancent deux hypothèses principales, qui ne sont pas incompatibles. La première est que l'augmentation très significative de la population d'ovins en Grande-Bretagne depuis 1980, l'accroissement probable de l'incidence de la tremblante dans cette population et la tendance croissante à inclure les cadavres de moutons malades dans les déchets pouvaient avoir accru la quantité d'agent de la tremblante dans le matériel destiné à la préparation des farines. La seconde hypothèse était que, du fait de modifications relativement récentes introduites dans les méthodes de préparation des farines animales, des étapes qui, antérieurement, détruisaient l'agent de la tremblante, pourraient avoir été supprimées.

Le rôle possible des farines animales dans l'apparition de l'ESB avait été porté à la connaissance des autorités dès le printemps 1988. Le gouvernement britannique avait alors pris une série de mesures en juin-juillet 1988. Outre le fait que l'ESB devenait une maladie à déclaration obligatoire, la mesure la plus importante fut l'interdiction de nourrir les ruminants avec des aliments contenant des protéines animales dérivées de ruminants. Cette mesure, si l'hypothèse de Wilesmith et ses collaborateurs était correcte, devait conduire à la disparition progressive de l'ESB. Un autre train de mesures prises durant l'été 1988 était destiné à rassurer les consommateurs, inquiets de la possibilité que l'agent de la tremblante, étant passé du mouton à la vache, ne passe ensuite de la vache à l'homme. Au premier rang de ces mesures figurait un décret imposant l'abattage et la destruction de tout animal suspect d'ESB, ce qui ne fut pas sans poser de très difficiles problèmes d'incinération des carcasses. Dans un premier temps, les éleveurs étaient indemnisés à hauteur de 50 % de la valeur de l'animal dont l'abattage avait été rendu obligatoire. Le taux d'indemnisation fut porté à 100 % en février 1990 afin d'encourager la déclaration, qui ne paraissait pas systématique. D'autres mesures furent prises en 1988 et 1989 à la lumière de ce que l'on savait de la distribution de l'agent de la tremblante dans les différents tissus chez les ovins. Ainsi, par exemple, tout bovin, même sain, étant susceptible d'être dans une phase d'incubation de la maladie, les abats « à risque » de ces animaux, c'est-à-dire le cerveau, la moelle épinière, le thymus, les amygdales, les intestins et la rate, furent retirés de la chaîne de consommation à partir de novembre 1989.

Depuis la fin de l'année 1988, alors que l'on attendait l'effet des mesures prises pour enrayer l'épidémie, l'ESB fit l'objet d'intenses travaux. Il s'agissait de mieux caractériser cette nouvelle maladie, de vérifier les hypothèses sur son origine et d'évaluer les risques d'une transmission à l'homme.

L'ESB, contrairement aux encéphalopathies spongiformes des ovins, des caprins, et de l'homme, présente une remarquable constance tant par ses manifestations cliniques que dans la nature et la localisation des lésions du système nerveux. L'âge d'apparition de la maladie se situe dans la grande majorité des cas entre quatre et cinq ans. Les principaux symptômes initiaux, comme l'avaient noté Wells et ses collaborateurs pour les premiers cas, sont une certaine nervosité, une tendance à donner des coups de patte, des difficultés locomotrices. Comme pour toutes les maladies de ce type, l'évolution clinique est insidieuse et s'aggrave inexorablement. L'animal se met à changer de comportement, refusant, par exemple, de pénétrer dans la salle de traite, se tenant à l'écart du troupeau, ou faisant preuve d'agressivité à l'égard de ses congénères, voire même de l'éleveur. Sur le plan de la locomotion, le symptôme le plus fréquent est un défaut plus ou moins prononcé de la coordination des membres postérieurs ; l'animal chute souvent et se relève alors sur les membres antérieurs, en montrant une faiblesse marquée des postérieurs. L'hypersensibilité au toucher et au bruit est très fréquente. Ces symptômes rappellent évidemment beaucoup ceux qui sont observés chez les moutons atteints de tremblante, à une différence près cependant. Chez ces derniers, l'un des symptômes les plus constants est un prurit intense qui les conduit à se gratter par tous les moyens, d'où une destruction progressive de leur toison. Rien n'indique l'existence de telles démangeaisons chez les bovins. La durée de la maladie, à partir des premiers signes, s'étend en général de un à six mois.

En 1990, les médias, qui commençaient à s'intéresser de près à une épizootie (épidémie chez les animaux) qui prenait des dimensions inquiétantes, se mirent à utiliser le terme « maladie de la vache folle » pour désigner l'ESB. Pour être accrocheur, ce terme ne traduit que très imparfaitement la réalité. La vache dite « folle » est avant tout un animal nerveux, craintif, hypersensible, et qui a des difficultés à se mouvoir.

Particulièrement intéressants furent les travaux d'épidémiologie visant à préciser l'origine de la maladie. Les premières études avaient incriminé les farines animales comme source probable de la contamination initiale. Les conséquences de l'interdiction de l'utilisation de ces farines dans l'alimentation des ruminants démontrèrent l'exactitude de cette hypothèse. Vu la durée d'incubation de ce type de maladies, on ne pouvait attendre un effet immédiat de cette interdiction promulguée en juillet 1988. Le nombre de cas déclarés continua donc d'abord à augmenter, passant de quelques centaines par mois en 1988 à environ trois mille par mois en 1992. Il commença ensuite à décroître, n'étant plus que de mille par mois en 1995 et une centaine par mois en 2000. Selon toute vraisemblance, les farines animales avaient donc bien été à l'origine de la contamination. La disparition progressive de l'ESB après leur interdiction rappelait la disparition du kuru chez les Forés après l'interdiction du cannibalisme. D'ailleurs, l'idée s'imposa rapidement dans l'opinion publique que l'émergence de l'ESB résultait du fait qu'en incluant des farines animales dans l'alimentation des bovins, l'homme avait fait de ces derniers des carnivores. C'est en partie exact, mais les choses ne sont pas aussi simples.

L'utilisation des farines animales dans l'alimentation des bovins n'est en effet pas un phénomène récent. En témoigne l'extrait suivant d'un ouvrage publié en 1893 et traitant de l'alimentation des animaux domestiques :

« Farine fourragère de viande. Le plus concentré des aliments utilisés par l'agriculture. Ce sont les résidus de la fabrication de l'extrait de viande Liebig... Les vaches laitières et les bœufs à l'engrais qui tout d'abord répugneront à le manger finissent bientôt par l'adopter, quand on s'y prend par petites quantités et qu'on la mélange intimement au restant de la ration – on peut aller jusqu'à 1,5 kg par jour. Le mouton y résiste surtout mais finit encore par s'y habituer [1]. »

La dernière phrase, soit dit en passant, amène à s'interroger sur le rôle qu'auraient pu jouer ces farines dans la diffusion de la tremblante chez les ovins ! L'inclusion des farines animales dans l'alimentation des bovins n'est donc pas un phénomène nouveau, susceptible, à lui seul, d'expliquer l'apparition de l'ESB. Il est vrai, pourtant, que l'utilisation de ces farines s'est beaucoup accru depuis les années 1960-1970, particulièrement pour les vaches laitières, avec le développement d'une agriculture intensive visant au maximum de productivité. En incluant une petite proportion de farine animale dans la ration alimentaire des vaches, on satisfaisait leurs besoins en protéines. Cependant, là encore, pour des raisons de chronologie, cette augmentation de l'emploi des farines ne paraît pouvoir expliquer à elle seule l'apparition de l'ESB : cette apparition aurait dû se produire au moins dix ans plus tôt. Une explication plus vraisemblable fut finalement apportée par Wilesmith et ses collaborateurs en mars 1991.

Lors de leur première étude, ceux-ci avaient conclu que l'épidémie d'ESB avait résulté d'une exposition simultanée à une cause inconnue de l'ensemble des bovins anglais en 1981-1982. En effet, seuls les bovins nés à partir de cette période étaient frappés par la maladie. Les plus jeunes étaient frappés à l'âge de deux ans mais la majorité l'était à quatre ou cinq ans. L'origine de la maladie devait donc être rapportée à un événement qui s'était produit en 1981-1982.

Wilesmith et ses collaborateurs se sont rendus dans les quarante-six usines de Grande-Bretagne qui, jusqu'en 1988, transformaient chaque année ensemble 1,3 million de tonnes de viande et d'os en farines destinées à l'alimentation du bétail. Sans entrer dans les détails – peu ragoûtants – des procédés utilisés, il suffit de savoir que ceux-ci incluaient des étapes visant à éliminer l'eau et libérer les matières grasses. Cela impliquait d'abord une étape de chauffage qui, incidemment, détruisait la plupart des micro-organismes. Jusqu'au début des années 1970, ce chauffage était réalisé par lots. En deux à trois heures, les lots étaient portés à une température maximale de cent à cent cinquante degrés et y étaient maintenus dix à vingt minutes. À partir de 1971, ce système de chauffage par lots a progressivement été remplacé par des procédés de traitement en continu, plus rationnels et plus économiques. On aurait pu craindre que ces procédés ne permettent pas à l'ensemble de la matière à traiter d'atteindre une température qui suffise à inactiver l'agent responsable de l'ESB. Là encore, cependant, l'explication ne tenait pas. Le passage des procédés de chauffage par lots aux procédés en continu s'est fait très progressivement entre 1972 et 1984 ; en 1979, la moitié des farines animales étaient déjà produites par les procédés en continu et la situation n'a que très peu évolué entre 1979 et 1982. Cela ne correspondait donc pas à une apparition brutale de l'agent de l'ESB en 1981-1982.

Une autre modification, par contre, qui a coïncidé avec le début de la contamination, fut l'abandon de l'usage de solvants organiques pour l'extraction des graisses, cette extraction étant suivie d'un traitement avec de la vapeur d'eau à plus de cent degrés. Décidé pour des raisons économiques, de rationalisation de la production mais aussi de protection du personnel, cet abandon a eu lieu, pour l'essentiel, entre 1980 et 1982. Cette coïncidence des dates suggère évidemment que le démarrage de l'épidémie d'ESB pourrait avoir résulté de l'arrêt de l'utilisation des solvants organiques dans la préparation des farines animales. Les auteurs de l'étude proposent une explication : les corps gras auraient pu protéger l'agent de l'ESB contre la destruction par la chaleur ; l'extraction avec les solvants, en retirant l'essentiel des corps gras, aurait rendu l'agent sensible au traitement à la vapeur d'eau à haute température. La combinaison de l'extraction des corps gras avec les solvants et du traitement à la chaleur humide aurait donc constitué un procédé très efficace pour détruire l'agent responsable de l'ESB lors de la préparation des farines animales. Sa suppression aurait permis à cet agent de survivre, et donc de se retrouver dans le produit final distribué au bétail.

Lorsque Wilesmith et ses collaborateurs ont incriminé les farines animales, leur hypothèse était que celles-ci étaient contaminées par l'agent de la tremblante du mouton, lequel aurait franchi la « barrière d'espèce » pour s'adapter à la vache. Comme nous allons le voir, il ne s'agissait là que d'une hypothèse vraisemblable mais pas d'une certitude. Une autre hypothèse serait que l'ESB n'était pas une maladie entièrement nouvelle, qu'il existait quelques cas sporadiques de vaches atteintes, et que c'était l'agent provenant de celles-ci qui s'était répandu par l'intermédiaire des farines.

Une première question concerne la prévalence de la tremblante en Grande-Bretagne dans les années 1980. Était-elle suffisamment fréquente pour que l'agent de cette maladie ait pu contaminer massivement les déchets destinés à la production des farines ? Répondre à cette question n'est pas si simple qu'il y paraît. En effet, collecter des données sur la tremblante n'était pas plus aisé à la fin du XXe siècle qu'au XVIIIe ou au XIXe siècle, et pour les mêmes raisons. En témoigne l'introduction d'une étude publiée en 1990 :

« L'incidence et la prévalence de la tremblante dans la population des moutons de Grande-Bretagne sont inconnues, et il est difficile d'obtenir des informations en raison des risques économiques encourus par les éleveurs qui admettent la présence de tremblante dans leur troupeau. Aussi un essai a-t-il été tenté d'obtenir des informations par le biais d'un questionnaire anonyme [2]. »

Dans la conclusion de cette étude, les auteurs nous livrent le résultat suivant : un tiers environ des troupeaux de Grande-Bretagne étaient affectés par la tremblante. Dans ces troupeaux, l'incidence de la maladie, c'est-à-dire le nombre de nouveaux cas chaque année, était de 0,5 à un mouton sur cent chaque année. C'étaient là des chiffres très importants. La population totale de moutons britanniques étant de l'ordre de quarante millions, environ cent mille d'entre eux mouraient chaque année de tremblante et avaient une bonne chance de servir de matière première à la fabrication des farines. Il n'y a donc aucun doute que cette matière première était abondamment contaminée par l'agent de la tremblante. Aurait-elle également pu être contaminée par un agent de l'ESB provenant de quelques vaches atteintes spontanément de cette maladie ?

Si la maladie de Creutzfeldt-Jakob peut apparaître spontanément, de façon sporadique, chez l'homme, pourquoi n'en serait-il pas de même pour l'ESB chez la vache ? Cette hypothèse n'est généralement pas retenue par les spécialistes qui considèrent que l'ESB est véritablement une maladie nouvelle, jamais observée auparavant [3]. Par ailleurs, beaucoup pensent qu'une vache ne vit pas assez longtemps pour qu'apparaisse chez elle une maladie sporadique dont l'homologue met en général au moins cinquante ans à apparaître chez l'homme. Le doute est cependant permis, d'autant plus que, comme nous le verrons, l'agent de l'ESB se différencie par plusieurs de ses caractéristiques des différentes souches d'agent de la tremblante isolées à partir des ovins. Une chose apparaît à tout le moins certaine, c'est que la contamination des vaches par l'agent provenant d'autres bovins s'est produite, mais dans une deuxième phase de l'épidémie. En effet, l'incidence de la maladie a connu un accroissement très significatif à partir de 1989. La durée de l'incubation étant de trois à cinq ans, cet accroissement a certainement résulté du recyclage des carcasses des premières victimes de l'ESB, mortes entre 1985, date du début de l'épidémie, et 1988, date de l'interdiction de l'utilisation des farines animales pour l'alimentation des bovins.

Un aspect surprenant de l'épidémie d'ESB concerne la distribution des cas dans les troupeaux. Le nombre de cas par troupeau est en effet toujours très faible. Le troupeau initial dont dix vaches étaient atteintes, et qui avait initialement conduit à alerter les autorités, constituait une exception. Dans la grande majorité des cas, les troupeaux affectés n'ont qu'une vache malade. En moyenne, l'incidence de la maladie n'est que de l'ordre de 2 % dans les troupeaux ayant au moins un cas. Dans la mesure où les animaux du même âge dans un troupeau donné devraient avoir eu une exposition similaire à l'agent infectieux présent dans les farines, cette distribution est un peu surprenante. L'infection apparaît ainsi comme un phénomène extrêmement aléatoire et imprévisible. Ce caractère aléatoire ne paraît pas résulter de différences génétiques entre les animaux, mais plutôt de la faible efficacité de la transmission par voie orale associée au fait que les doses infectieuses présentes dans les farines n'étaient peut-être pas très élevées. Cette situation rappelle celle rencontrée lors de la transmission iatrogène résultant des traitements à l'hormone de croissance. Là aussi, alors que la grande majorité des lots avait sans doute été contaminée, une petite proportion seulement des enfants ont été frappés par la maladie.

Dès que les épidémiologistes eurent compris quelle était l'origine de l'ESB, et quelles étaient les voies de contamination, ils s'interrogèrent sur la manière dont l'épidémie pouvait évoluer, en tenant compte des mesures prises par le gouvernement britannique à partir de 1988.

Dans une étude publiée en 1991, Wilesmith et Wells envisageaient trois hypothèses :

1 – Les mesures prises en 1988 arrêtaient totalement la transmission de la maladie. Dans cette hypothèse, une décroissance du nombre de cas devait s'amorcer en 1992 et la maladie devait avoir totalement disparu en 1999-2000.

2 – Les mesures de 1988 arrêtaient la transmission par voie orale, mais les vaches malades ou en incubation pouvaient transmettre la maladie à leur veau. Cela n'empêchait pas l'éradication de la maladie, mais la retardait un peu. Celle-ci devrait être effective en 2000-2001.

3 – Outre une transmission de la vache à son veau, une certaine transmission pouvait se produire par contact direct ou indirect entre animaux, comme c'est le cas pour la tremblante chez les ovins. Les prévisions devenaient alors très difficiles, l'évolution de l'épidémie dépendant de l'efficacité de cette transmission.

De fait, la diminution du nombre de cas s'est amorcée en 1993, mais l'éradication n'a toujours pas été obtenue en l'an 2000. La raison la plus probable, qui n'avait pas été envisagée par Wilesmith et Wells, est que les mesures prises en 1988 par le gouvernement britannique n'ont pas été appliquées avec toute la rigueur nécessaire. Par erreur ou par fraude, des farines animales ont continué à être utilisées pour l'alimentation des bovins après 1988. Constatant que la décroissance du nombre de cas n'était pas aussi rapide que prévu, les autorités ont pris de nouvelles dispositions en 1996, établissant comme délit criminel le fait de posséder des farines animales. Par ailleurs, la transmission de la vache au veau serait possible, mais sa faible efficacité (10 % au maximum des veaux nés d'une mère malade seraient atteints à leur tour) fait qu'elle ne peut avoir eu qu'un impact très limité sur l'évolution de l'épidémie. Quant à la transmission entre animaux, qui pourrait conduire à faire de l'ESB une maladie endémique, comme la tremblante chez le mouton, rien n'indique pour l'instant qu'elle existe.

Apparue dans le Royaume-Uni, où elle a fait les ravages les plus importants, l'ESB a également touché d'autres pays, mais dans une moindre mesure. Ainsi, alors que le nombre total de bovins touchés par la maladie depuis le début de l'épidémie jusqu'à la fin de l'an 2000 était proche de deux cent mille en Grande-Bretagne, il était seulement de cinq cents environ en Irlande et au Portugal, de quatre cents en Suisse, et d'un peu moins de deux cents en France. Les raisons de cette exportation de l'ESB en dehors de Grande-Bretagne paraissent claires : elles ont été liées à l'exportation des farines animales. En effet, les producteurs de celles-ci, durement touchés par les mesures d'interdiction prises par le gouvernement britannique en 1988, ont aussitôt recherché des débouchés extérieurs. Les exportations vers un pays comme la France ont alors connu un accroissement conséquent. Le gouvernement français a certes interdit les importations de farine en provenance de Grande-Bretagne dès l'année suivante, puis l'utilisation des farines animales dans l'alimentation des ruminants en 1990, mais, là encore, ces mesures n'ont sans doute pas été appliquées avec la rigueur nécessaire. L'accroissement continu du nombre de cas en France depuis 1991, y compris durant l'année 2000, indique que les contaminations se poursuivaient encore il y a quatre ou cinq ans, en 1995-1996.

Le premier cas français de « vache folle » date de février 1991. Dès lors, et pour tous ceux qui suivirent, la politique fut de détruire non seulement l'animal malade mais l'ensemble du troupeau. Destinée à protéger au maximum le consommateur contre une contamination éventuelle par l'agent de la maladie bovine, cette politique est fondée sur l'idée que toutes les bêtes du troupeau, ayant eu probablement la même alimentation que la vache malade, risquent d'être en incubation de la maladie. L'inconvénient en est que certains éleveurs, pour éviter le drame que représenterait pour eux la destruction d'un troupeau qu'ils ont mis des années à constituer, peuvent être tentés de dissimuler les cas d'ESB dans leur exploitation.

XXII

DE LA VACHE À L'HOMME

Dès que fut connue l'ESB, la possibilité de sa transmission éventuelle à l'homme fut envisagée. Ainsi la question est-elle posée dès juin 1988 dans un éditorial du *British Medical Journal* :

« ...nous sommes confrontés au fait que l'encéphalopathie spongiforme, qu'elle nous fasse ou non courir des risques à nous-mêmes, est maintenant établie dans le bétail de notre pays... Il n'existe aucun moyen de savoir quels animaux sont infectés avant que les symptômes n'apparaissent, et si la transmission à l'homme s'est déjà produite, des années pourraient s'écouler avant que les personnes touchées n'y succombent... [1] ».

En septembre 1988, un éditorial de la revue *The Lancet* pose lui aussi la question. Un débat va dès lors s'engager entre les experts britanniques pour évaluer la probabilité d'une transmission de l'ESB à l'homme. Il s'est focalisé sur trois questions essentielles : l'infectiosité relative des différents tissus d'un animal infecté, l'efficacité de la transmission par voie orale et le degré de protection assurée à l'espèce humaine par la « barrière d'espèce ».

Pour ce qui concerne l'infectiosité relative des différents tissus, les experts se sont référés au précédent de la tremblante. Des études ultérieures ont confirmé que les mêmes tissus étaient infectés dans le cas de l'ESB. De là est venue l'interdiction d'utiliser en alimentation humaine les tissus nerveux, ainsi que ceux provenant du système digestif et du système lymphatique, les seuls reconnus comme siège d'une infection significative chez les animaux atteints de tremblante. Cette interdiction concernait l'ensemble des bovins britanniques, car il n'existait aucun moyen de repérer les animaux en incubation qui ne présentaient aucun signe clinique. La consommation des muscles, par contre, était considérée sans risque. Cette conclusion, probablement valable, pourrait cependant être discutée. En effet, la séparation des tissus n'est certainement pas effectuée avec le même soin dans un abattoir que dans un laboratoire de recherche, de telle sorte qu'une certaine contamination du tissu musculaire par du tissu nerveux est difficile à exclure. Il n'en demeure pas moins que le degré de contamination possible des muscles, c'est-à-dire de la viande, est sans aucun doute infime par rapport à celui des tissus à risque, tels que le cerveau.

Les questions de l'efficacité de la transmission par voie orale et de la barrière d'espèce sont abordées en 1989 par David Taylor dans un article intitulé « Encéphalopathie Spongiforme Bovine et Santé Humaine » :

« Du fait que l'encéphalopathie spongiforme bovine (ESB) a probablement résulté de la transmission accidentelle de l'agent infectieux de la tremblante du mouton, une certaine crainte se manifeste d'une transmission de l'ESB à l'homme. L'examen des données épidémiologiques et expérimentales suggère qu'une telle hypothèse est peu probable [2]. »

Ce point de vue, partagé par beaucoup d'autres experts, n'était pas sans fondement. Pour avoir été démontrée dans de nombreuses instances, la transmission par voie orale s'était toujours manifestée comme très inefficace. Taylor souligne que, même dans le cas du kuru, il n'est pas évident que la contamination se soit faite par voie alimentaire plutôt que par de petites lésions cutanées lors de la manipulation du cerveau et des viscères des victimes de la maladie. Dans un article publié en 1985, l'équipe de Prusiner avait fourni une nouvelle illustration aussi bien de l'existence d'une possibilité de transmission par voie orale que de son inefficacité. Étudiée chez le hamster, la transmission par voie orale, en l'occurrence par cannibalisme, nécessitait des doses d'agent infectieux un milliard de fois plus élevées que la transmission par injection intracérébrale. Quant à la barrière d'espèce, elle est relative : infranchissable dans certains cas, elle est surmontée sans grandes difficultés dans d'autres. Ce qui rassurait les experts, c'est que l'ESB était censée n'être que la tremblante transmise aux bovins, et la tremblante n'était pas transmissible à l'homme par voie alimentaire. On se souvient que l'hypothèse d'une telle transmission avait été envisagée pour expliquer la fréquence accrue de la maladie de Creutzfeldt-Jakob chez les juifs d'origine libyenne en Israël, mais qu'elle avait été abandonnée par la suite lorsque cette susceptibilité particulière à la maladie avait été ramenée à une origine génétique. Par ailleurs, de multiples études épidémiologiques avaient tenté d'établir un lien entre la maladie de Creutzfeldt-Jakob et la consommation de moutons atteints de tremblante, sans le moindre succès. Si la tremblante du mouton n'était pas transmissible à l'homme, pourquoi l'ESB le serait-elle ?

Des muscles, donc de la viande, *a priori* peu ou pas contaminés, une transmission orale très inefficace, une barrière d'espèce infranchissable entre mouton et homme et donc vraisemblablement entre vache et homme, cela faisait beaucoup de raisons pour relativiser la crainte d'une transmission de l'ESB à l'espèce humaine. Pourtant, cette crainte demeurait. Depuis les expériences de Chandler au début des années 1960, on savait que l'agent de la tremblante pouvait changer de propriétés lors du passage chez un hôte différent : la souche « *drowsy* » de l'agent provenant de la chèvre pouvait se transformer en souche « *scratching* » chez la souris. De façon générale, une fois la barrière d'espèce franchie, l'agent s'adaptait à son nouvel hôte, ce qui supposait un changement de propriétés. Par ailleurs, on disposait d'un exemple quasi certain de franchissement de la barrière d'espèce à la suite d'une infection par voie orale, exactement ce que l'on redoutait dans la transmission de l'ESB à l'homme. Il s'agissait de plusieurs épidémies de tremblante dans des élevages de visons qui avaient probablement été nourris avec de la viande d'animaux atteints de cette maladie [3]. On a longtemps pensé qu'il s'agissait de moutons atteints de tremblante, mais c'était peut-être de bovins atteints d'ESB spontanée ou d'élans sauvages atteints d'une maladie similaire. Rappelons également qu'en 1980, Gajdusek avait rapporté la transmission du kuru et de la tremblante à des singes écureuils par voie orale, en mélangeant le matériel contaminé à la nourriture de ces animaux.

Inquiétude, donc, qui se trouva brutalement exacerbée au printemps 1990 lorsque des encéphalopathies spongiformes furent diagnostiquées chez trois chats domestiques. Comme il s'agissait apparemment d'une maladie nouvelle chez cet animal, le rapport fut aussitôt établi avec l'ESB. Le public conclut, sans qu'il y ait vraiment de preuve à l'époque, mais en fait avec raison, que ces chats avaient été infectés parce que l'agent de l'ESB avait contaminé la nourriture qu'on leur avait donnée. Cette information déclencha une véritable panique chez les Britanniques, pourtant connus pour leur flegme. Si l'agent de l'ESB avait pu se transmettre au chat par la nourriture, pourquoi ne pourrait-il pas se transmettre à l'homme ? Et accessoirement, n'y aurait-il pas un risque de transmission du chat à l'homme, simplement par contact ?

Inquiétude, donc, et vigilance. Le Mal frapperait-il encore ? Chaque nouveau cas de maladie de Creutzfeldt-Jakob apparaissant en Grande-Bretagne allait désormais être examiné à la loupe. Allait-on voir l'incidence de cette maladie s'accroître soudain ? La verrait-on s'en prendre à des populations généralement épargnées ? Allait-elle prendre des formes encore jamais décrites ? Ou bien se cantonnerait-elle comme par le passé à une incidence un peu inférieure à un cas sur un million, affectant en priorité des adultes de cinquante à soixante-dix ans, et prenant l'une des nombreuses formes déjà connues ?

Première alerte, mars 1993. Une maladie de Creutzfeldt-Jakob est diagnostiquée chez un fermier britannique dans le troupeau duquel une vache avait été atteinte d'ESB quatre ans plus tôt. L'homme pouvait-il avoir été contaminé par l'animal ? La seule contamination possible aurait été par la consommation du lait provenant de cette vache, mais jamais l'agent de l'ESB ou de la tremblante n'avait pu être détecté dans le lait. Vu l'incidence générale de la maladie de Creutzfeldt-Jakob, le nombre élevé de personnes vivant au contact de bovins, et quelques autres données, ce cas paraît dû au hasard et sans corrélation avec l'épidémie d'ESB. L'apparition de deux autres cas chez des fermiers, l'un également en 1993 et l'autre en 1995, n'a pas véritablement inquiété. Dans les trois cas, il s'agissait de Creutzfeldt-Jakob classique, tant sur le plan clinique que des lésions du système nerveux.

Deuxième alerte, avril 1994. Une adolescente britannique de quinze ans présente plusieurs signes caractéristiques de la maladie de Creutzfeldt-Jakob. Son jeune âge attire l'attention. Elle n'a jamais subi d'intervention chirurgicale ni suivi de traitement à l'hormone de croissance : une contamination par voie iatrogène ne peut donc être retenue. L'analyse de l'ADN ne révèle la présence d'aucune mutation dans le gène du prion : elle ne peut donc pas être frappée d'une forme familiale de la maladie. Elle est hétérozygote à la position de l'acide aminé 129, ce qui la rend *a priori* moins apte à contracter la maladie. Est-elle véritablement atteinte de la maladie de Creutzfeldt-Jakob ? Le diagnostic n'a pas été confirmé.

Troisième alerte, octobre 1995. Deux cas de maladie de Creutzfeldt-Jakob « sporadique » détectés chez une jeune fille de seize ans et un jeune homme de dix-huit ans. Les cas sont qualifiés « sporadiques », parce que, comme dans le cas précédent, aucune cause particulière, iatrogène ou génétique ne peut leur être attribuée. Cependant, le diagnostic est confirmé par examen d'une biopsie dans un cas, après autopsie dans le second. Cette fois, l'inquiétude est perceptible :

« Si le diagnostic récent de maladie de Creutzfeldt-Jakob chez deux adolescents au Royaume-Uni n'est peut-être que le fruit d'une coïncidence et sans signification étiologique particulière, il confirme à nouveau la nécessité du maintien d'un suivi épidémiologique de cette maladie au Royaume-Uni et dans les autres pays [4]. »

Alerte générale, mars-avril 1996 :

« Dix cas de maladie de Creutzfeldt-Jakob identifiés au Royaume-Uni ces derniers mois présentaient un profil neuropathologique nouveau. D'autres aspects inhabituels de ces cas étaient la jeunesse des patients, l'état clinique et l'absence du tracé caractéristique de la maladie de Creutzfeldt-Jakob à l'électro-encéphalogramme. Aucun cas similaire n'a été identifié dans d'autres pays couverts par le système de surveillance européen. Ces cas semblent représenter une nouvelle variante de la maladie de Creutzfeldt-Jakob, peut-être spécifique au Royaume-Uni. Cela soulève la possibilité de l'existence d'un lien causal avec l'ESB. Quoique ce soit là l'explication la plus plausible de l'apparition de ce groupe de cas, le lien avec l'ESB ne peut être affirmé sur la seule base de ces résultats [5]. »

Ces quelques phrases sont tirées du résumé d'un article publié dans la revue *The Lancet* le 6 avril 1996, par Robert Will et plusieurs autres médecins, biologistes et épidémiologistes travaillant en Grande-Bretagne et dans d'autres pays européens. Le contenu de cet article avait été révélé au public quelques jours plus tôt, le 20 mars, par le ministre de la Santé du gouvernement britannique. La possibilité d'une transmission de l'ESB à l'homme, sous la forme de maladie de Creutzfeldt-Jakob, avait quitté le domaine de la conjecture pour devenir une hypothèse probable.

Bien que l'épidémie d'ESB ait déjà été connue depuis environ dix ans, ce fut cette annonce qui marqua véritablement le début de « la crise de la vache folle ». Une crise dont les conséquences allaient être redoutables, à bien des égards. Tant en Grande-Bretagne que dans les pays important de la viande britannique, le public se mit à considérer avec défiance les divers produits d'origine bovine. Le cours de la viande de bœuf s'effondra. Dès le 22 mars, la France décréta un embargo sur les importations de viande bovine et d'animaux vivants en provenance du Royaume-Uni, qui a été maintenu jusqu'à présent. Le 27 mars, l'Union européenne mit en place un embargo total sur tous les bovins et produits dérivés. En dépit des positions défendues par la France, cet embargo a été assoupli en 1999. De façon générale, la crise de la vache folle a eu de graves conséquences sociales, économiques et politiques.

Qu'y avait-il de tellement inquiétant dans l'article de Will et de ses collaborateurs ? Certainement pas un accroissement significatif du nombre total de cas de maladie de Creutzfeldt-Jakob en Grande-Bretagne : ceux qu'ils décrivaient ne s'élevaient qu'à dix parmi les deux cent sept qui avaient été examinés depuis le début de la surveillance épidémiologique de la maladie dans le pays, en 1990. L'inquiétude venait d'abord de la jeunesse des patients, vingt-neuf ans en moyenne ; parmi ceux-ci, trois, incluant les deux déjà décrits en octobre 1995, avaient moins de vingt ans au moment du début des symptômes. Elle venait ensuite du caractère inhabituel de ces symptômes, dont une prédominance des troubles psychiatriques (dépression, en particulier) en début de maladie, et l'absence d'un tracé caractéristique de l'électro-encéphalogramme ; de fait, aucun de ces dix cas n'aurait été considéré comme un cas probable de maladie de Creutzfeldt-Jakob sur la seule base des données cliniques. Enfin, ces dix cas se singularisaient par leur profil neuropathologique, c'est-à-dire par l'aspect des lésions du cerveau. Si tous présentaient les lésions caractéristiques des encéphalopathies spongiformes, tous exhibaient également des plaques amyloïdes d'un aspect très particulier. Ressemblant aux plaques trouvées dans le cerveau des Forés atteints de kuru, elles étaient souvent entourées d'une couronne de vacuoles, leur donnant l'aspect de fleurs, d'où le nom de « plaques florides » qui leur a été attribué. Inexistantes ou très rares dans les cas de maladie de Creutzfeldt-Jakob sporadiques, de telles plaques avaient par contre été décrites dans le cerveau d'animaux atteints de tremblante. Ajoutons qu'aucun des dix patients n'avait fait l'objet d'opération neurochirurgicale ni de traitement à l'hormone de croissance. Le gène du prion avait été examiné chez huit d'entre eux : il ne portait dans aucun cas de mutation correspondant à l'une des formes familiales de maladie de Creutzfeldt-Jakob ; tous étaient homozygotes à la position correspondant à l'acide aminé 129 de la protéine, ce qui était un facteur de risque pour la maladie. D'après l'ensemble de ces critères, il paraissait clair que ces dix jeunes Britanniques avaient été atteints d'une nouvelle forme de la maladie de Creutzfeldt-Jakob. Celle-ci reçut le nom de « nouvelle variante de la maladie de Creutzfeldt-Jakob ».

Il s'agissait d'un nouveau déguisement du Mal.

L'existence d'un lien causal entre l'épidémie d'ESB et l'apparition de cette nouvelle forme de la maladie de Creutzfeldt-Jakob paraissait d'emblée comme très vraisemblable : en Europe, cette nouvelle maladie n'était apparue qu'en Grande-Bretagne, seul pays où sévissait l'épidémie d'ESB, et elle était apparue entre cinq et dix ans après la période de contamination maximale des aliments par l'agent de l'ESB, à la fin des années 1980, c'est-à-dire après une durée d'incubation raisonnable pour ce type de maladies.

Les réactions à ces résultats furent variées. Elles allèrent de la panique au scepticisme. Plutôt de la panique en Grande-Bretagne où le public était déjà sensibilisé depuis les débuts de l'épidémie d'ESB et se trouvait en première ligne face à ce risque nouveau. Plutôt du scepticisme dans un pays comme la France où beaucoup découvraient l'épidémie d'ESB et se croyaient protégés. En tout état de cause, pour être probable, le lien entre ESB et nouvelle variante de la maladie de Creutzfeldt-Jakob restait à démontrer rigoureusement. Plusieurs arguments très convaincants furent apportés dans les mois ou les années qui suivirent.

Le premier argument provint de chercheurs français qui, plus de deux ans avant que ne soit reconnue l'existence de la nouvelle variante de la maladie de Creutzfeldt-Jakob, avaient inoculé par voie intracérébrale des broyats de cerveaux de bovins atteints d'ESB à des singes macaques. Manifestant divers symptômes neurologiques, ces animaux furent sacrifiés et leurs cerveaux examinés : ils contenaient des plaques florides semblables en tout point à celles observées chez les malades de la nouvelle variante de Creutzfeldt-Jakob. De telles plaques n'étaient pas observées chez des macaques auxquels on avait inoculé par la même voie la maladie de Creutzfeldt-Jakob sporadique. Si l'inoculation de l'ESB à des macaques provoquait chez eux l'apparition de plaques florides, on pouvait penser que l'apparition de ces dernières chez l'homme provenait également d'une infection par l'agent de l'ESB.

Les arguments les plus convaincants, publiés par des Britanniques en octobre 1997, résultèrent de la transmission de la nouvelle variante de la maladie de Creutzfeldt-Jakob à la souris. Globalement, ces expériences démontrèrent que l'agent de cette maladie se comportait comme celui de l'ESB, alors qu'il différait de l'agent des autres formes de maladie de Creutzfeldt-Jakob. Ainsi, par exemple, alors que les maladies de Creutzfeldt-Jakob sporadiques et iatrogènes ne pouvaient guère être transmises à la souris du fait de la barrière d'espèce, la nouvelle variante l'était relativement facilement, tout comme l'était l'ESB. Inversement, une lignée de souris transgénique avait été construite chez laquelle le gène du prion de souris avait été remplacé par le gène humain. Dans cette lignée, la barrière d'espèce homme-souris ayant été abolie, la transmission de la maladie de Creutzfeldt-Jakob sporadique ou iatrogène est devenue relativement aisée. La transmission de la nouvelle variante de la maladie de Creutzfeldt-Jakob, par contre, s'y est révélée difficile, comme celle de l'ESB. Notons, en passant, que selon ces critères, les trois cas de maladie de Creutzfeldt-Jakob détectés chez des fermiers en 1993 et 1995 se comportaient comme des cas sporadiques classiques et non de nouvelle variante ; ils étaient donc vraisemblablement sans lien avec l'épidémie d'ESB.

Cette apparente identité entre l'agent de l'ESB et celui de la nouvelle variante de la maladie de Creutzfeldt-Jakob, ajoutée aux arguments épidémiologiques, rendait à peu près inévitable la conclusion que la maladie humaine résultait de l'épidémie d'ESB, et plus précisément de la consommation de viande ou autres produits provenant de bovins contaminés. Pouvait-on, dès lors, prévoir l'extension que prendrait la maladie dans la population britannique et à l'étranger ?

En août 1996, l'épidémiologiste Roy Anderson et de nombreux autres chercheurs britanniques terminaient un article concernant l'évolution de l'épidémie d'ESB en écrivant :

« Quant à savoir si les douze cas décrits de nouvelle variante (de la maladie de Creutzfeldt-Jakob) représentent le début d'une épidémie, cela demeure incertain, et le restera encore quelques années [6]. »

Cette incertitude, pour une grande part, demeure encore aujourd'hui, alors que près de cent personnes ont été atteintes, la plupart en Grande-Bretagne, à l'exception de trois en France et d'une en Irlande. Dans une étude récente (août 2000), l'équipe de Roy Anderson donne une fourchette pour le nombre total de cas à prévoir en Grande-Bretagne allant de la centaine à cent trente-six mille ! Fondées sur l'évolution de l'épidémie d'ESB et du nombre de cas humains depuis 1995, ces prévisions considèrent plusieurs hypothèses relatives, en particulier, à la durée d'incubation de la maladie chez l'homme. Les prévisions les plus pessimistes, envisageant la survenue de plus de dix mille cas, supposent toutes une durée d'incubation moyenne de plus de soixante ans. *A priori*, une telle durée peut paraître improbable, vu les précédents pour ce type de maladies. Dans le cas du kuru, par exemple, même si des durées d'incubation supérieures à quarante ans ont été observées, la moyenne n'en a pas moins été de douze ans seulement. Si l'on retenait une durée d'incubation moyenne inférieure à vingt ans pour la nouvelle variante de la maladie de Creutzfeldt-Jakob, le nombre des victimes, d'après les prévisions d'Anderson, ne devrait pas dépasser quelques centaines ou quelques milliers. Cependant, il faut tenir compte du fait qu'il s'agit ici, contrairement au cas du kuru, d'une contamination par un agent venant d'une autre espèce, et que, dans les expériences chez les animaux, le franchissement de la barrière d'espèce s'est toujours traduit par des délais d'incubation accrus, parfois trois à quatre fois plus longs. C'est pourquoi les prévisions d'Anderson et ses collaborateurs, envisageant la possibilité d'une durée d'incubation moyenne de soixante ans, ne sont pas totalement invraisemblables. En tout état de cause, et quel que soit le désir que l'on puisse avoir de connaître à l'avance l'étendue du drame, on doit faire preuve de beaucoup de prudence dans l'analyse de ces prévisions, qui dépendent d'un grand nombre de paramètres.

Une caractéristique souvent soulignée de la nouvelle variante de la maladie de Creutzfeldt-Jakob est la jeunesse des personnes atteintes. Les personnes de tous âges ayant été en principe exposées au risque depuis 1985-1990, c'est-à-dire depuis dix à quinze ans, toutes devraient être également atteintes par la nouvelle variante. Or, la quasi-totalité des malades a entre quinze et quarante-cinq ans, les deux tiers environ ayant moins de trente-cinq ans. Cela pourrait suggérer soit que les personnes jeunes ont été plus exposées que les autres, soit qu'elles sont plus sensibles à l'infection, ces deux hypothèses n'étant pas incompatibles. Une cause possible d'une plus grande exposition des personnes jeunes aurait pu être une contamination des aliments pour bébés, les fameux « petits pots ». Il semblerait en effet que du matériel provenant de cerveaux de bovins ait pu être utilisé dans la confection de certains d'entre eux. Cela pourrait expliquer la très grande jeunesse de certaines des victimes. Quant à une plus grande susceptibilité des jeunes à l'infection, elle ne serait pas sans rappeler ce qui a été observé pour la tremblante chez le mouton. Comber l'avait noté dès 1772, et le groupe de Hadlow l'avait confirmé en 1982.

L'ESB elle aussi paraît s'être transmise prioritairement aux jeunes veaux, mais sans que l'on puisse dire si cela résultait d'une plus grande sensibilité à la maladie ou d'une alimentation comportant plus de farines animales.

Dans la mesure où la transmissibilité de l'ESB à l'homme est établie, il serait essentiel de mettre un terme à la consommation de produits bovins contaminés. Malheureusement, les mesures prises par les gouvernements ne peuvent suffire à assurer une sécurité absolue. Même les mesures d'abattage systématique des troupeaux atteints ne permettent pas d'éviter que des animaux en incubation dans d'autres troupeaux soient utilisés pour l'alimentation humaine. De tels animaux devraient devenir de plus en plus rares, du fait des mesures d'interdiction concernant l'emploi des farines animales, mais ils n'ont pas disparu. L'idéal serait de pouvoir disposer de tests diagnostiques permettant de repérer les animaux en incubation. Mais, il faut le rappeler, il n'existe jusqu'à présent aucun test fiable permettant de diagnostiquer une encéphalopathie spongiforme quelle qu'elle soit chez un animal vivant. Les seuls tests possibles sont réalisés par examen du cerveau chez l'animal mort. Les plus couramment utilisés consistent à rechercher la protéine du prion sous sa forme résistante aux protéases, et donc infectieuse. Ces tests permettent de détecter le prion infectieux chez des animaux malades ou en état dit « préclinique », c'est-à-dire sur le point de manifester des symptômes cliniques. Ils ne permettent pas, par contre, de le détecter chez des animaux en phase plus précoce d'incubation, et pourtant éventuellement déjà contaminants. Les efforts consentis actuellement par les chercheurs pour accroître la sensibilité des tests pourrait permettre prochainement de lever cette difficulté.

XXIII

DE LA VACHE AU MOUTON ? DE L'HOMME À L'HOMME ?

Comme si les craintes relatives à la consommation de produits d'origine bovine n'étaient pas suffisantes, certains ont commencé à s'inquiéter des risques qui pourraient être liés à la consommation de produits provenant d'autres animaux, au premier rang desquels les moutons. En effet, les bovins n'ont pas été les seuls à avoir été nourris avec des farines animales potentiellement contaminées ; les ovins, les porcs, les poulets, voire même les poissons, l'ont été également. N'y aurait-il pas un risque à consommer de la viande ou d'autres parties de ces animaux ? Et cela d'autant plus que, pour certains d'entre eux, et jusqu'à une date récente, les farines animales faisaient toujours partie de leur alimentation. Considérons d'abord le cas des ovins, qui constitue le risque le plus sérieux et en même temps présente un intérêt particulier sur le plan scientifique.

Selon la théorie admise jusque récemment, l'ESB a résulté de la transmission de la tremblante des ovins aux bovins *via* les farines animales. En ce cas, une contamination en retour des ovins du fait de la consommation de farines animales provenant de bovins atteints d'ESB ne serait qu'un « retour à l'envoyeur ». Ces ovins ne devraient donc contracter que la tremblante, laquelle, on le sait, ne se communique pas à l'homme. Pourquoi donc s'inquiéter d'une contamination éventuelle des moutons par l'agent de l'ESB ? C'est que celui-ci a des propriétés très différentes des diverses souches d'agent de la tremblante caractérisées jusqu'à présent.

Les caractéristiques particulières de l'agent de l'ESB, comparées à celles des souches de tremblante, se reconnaissent, notamment, à leur effet différent sur diverses lignées de souris : durée d'incubation, régions du cerveau affectées en priorité. L'origine de cette différence entre l'agent de l'ESB et les souches connues d'agent de la tremblante fait l'objet de spéculations. Certains pensent que l'agent de la tremblante pourrait avoir été modifié lors des traitements intervenant dans la préparation des farines animales. D'autres suggèrent qu'une souche particulière de l'agent de la tremblante pourrait avoir été sélectionnée du fait de sa capacité à résister aux traitements en question, ou bien à infecter les bovins par voie orale. À moins, bien entendu, que l'agent de l'ESB ne provienne pas du tout du mouton, mais de rares bovins atteints spontanément de la maladie et soit donc un agent d'origine bovine. À cet égard, si l'agent de l'ESB venait des moutons et si ceux-ci étaient nourris avec des farines animales, on se serait attendu à voir une épidémie de tremblante se développer chez les moutons au moment où l'épidémie d'ESB se développait chez les vaches. Cela aurait eu d'autant plus de chances de se produire que l'agent infectieux n'aurait alors pas eu de barrière d'espèce à franchir. Or le fait est qu'il n'y a pas eu d'épidémie de tremblante chez les moutons durant les années 1980. N'est-ce pas là une indication que l'agent de l'ESB n'est pas, comme on l'a longtemps pensé, d'origine ovine, mais plutôt d'origine bovine ?

Quelle que soit la raison pour laquelle l'agent de l'ESB se distingue des souches connues d'agent de la tremblante, le fait le plus préoccupant est qu'il conserve ses propriétés après être passé chez différents animaux, y compris le mouton. Sur le plan théorique, cette stabilité de l'agent de l'ESB ne manque pas d'être troublante. Elle paraît contredire les résultats des expériences antérieures sur la transmission entre espèces. On se souvient, par exemple, que lorsque la tremblante était induite chez le hamster par l'agent provenant de la souris, l'agent produit avait les caractéristiques d'un agent de hamster et non de souris. Sur le plan de la santé publique, cette stabilité est inquiétante. Elle indique que les produits provenant de tout animal infecté par l'agent de l'ESB seraient potentiellement contaminants pour l'homme, même s'il s'agissait du mouton. Il est rassurant de constater que l'épidémie d'ESB chez les bovins n'a pas été suivie d'un accroissement détectable de l'incidence de la tremblante dans les troupeaux de moutons ; si la contamination du mouton par l'agent de l'ESB s'est produite, elle est donc restée limitée. Cette question méritera cependant d'être suivie de près. En effet, alors que l'ESB ne paraît pas se transmettre entre bovins, on pourrait craindre que, si elle était transmise aux moutons, elle ne s'y transmette au sein des troupeaux, comme le fait la tremblante. Elle serait donc susceptible de s'y établir de façon définitive. À titre conservatoire, le gouvernement français a interdit en 1996 la commercialisation de la viande de mouton atteint de tremblante.

Qu'en est-il des autres animaux entrant couramment dans l'alimentation humaine ? À supposer que l'agent de l'ESB puisse s'y développer, ce qui est loin d'être acquis, aucun, semble-t-il, ne vit assez longtemps pour que l'agent infectieux puisse s'y multiplier de manière significative. Ainsi, avec de grandes difficultés, l'ESB a pu être transmise au porc. Aucune transmission par voie orale n'a pu être obtenue, mais seulement par l'injection de doses très importantes d'agent infectieux par voie intracérébrale et les premiers symptômes n'apparurent qu'après plus d'un an. Au vu de ces résultats, il paraît peu probable que le porc puisse se contaminer en consommant des farines contenant l'agent de l'ESB. De plus, les porcs destinés à la consommation sont envoyés à la boucherie avant l'âge de six mois, durée trop faible pour permettre une multiplication importante de l'agent.

En dépit d'essais divers, aucune transmission de l'ESB à des poulets n'a pu être obtenue. Quant aux poissons, il est douteux que l'agent de l'ESB puisse s'y multiplier, vu l'éloignement entre ces espèces et les bovins : la barrière d'espèce, dans ce cas, doit réellement être infranchissable. Notons enfin que, toujours à titre conservatoire, le gouvernement français a interdit en 1996 aux fabricants de farine animale destinée aux animaux autres que des ruminants, d'utiliser des déchets d'abattoirs qui ne proviendraient pas de carcasses d'animaux déclarés propres à la consommation humaine. Une interdiction totale des farines animales a été décidée à la fin de l'année 2000, au moins à titre provisoire, non pas tant à cause des risques qu'elles pourraient représenter pour les porcs, volailles et poissons, mais parce qu'elles pourraient être utilisées accidentellement ou frauduleusement pour les ruminants.

Un article paru en septembre 2000 dans *The Lancet* a soulevé une nouvelle interrogation au sujet de la nouvelle variante de la maladie de Creutzfeldt-Jakob : pourrait-elle être transmise par transfusion sanguine ? Cette question est d'importance. En effet, à supposer que la transmission soit possible et qu'il existe un nombre élevé de personnes en incubation de la nouvelle variante de la maladie de Creutzfeldt-Jakob, on pourrait assister à un nouveau drame du sang contaminé.

Au moment où paraissait l'article en question, Paul Brown, expert de référence en la matière, résumait les connaissances de la façon suivante :

– Le sang, et particulièrement les globules blancs, d'animaux infectés expérimentalement avec l'agent de la tremblante ou celui de la maladie de Creutzfeldt-Jakob, présente un caractère infectieux lorsqu'il est injecté par voie intracérébrale ou intrapéritonéale à des animaux de la même espèce.

– Chez les animaux infectés naturellement, y compris les vaches atteintes d'ESB, tous les essais visant à mettre en évidence le caractère infectieux du sang ont échoué.

– Les données épidémiologiques n'ont pas révélé un seul cas de maladie de Creutzfeldt-Jakob qui puisse être attribué à une transmission par transfusion sanguine ou administration de dérivés du sang, ou parmi les hémophiles ou autres patients recevant de façon répétée des dérivés du sang.

Ces données seraient plutôt rassurantes, l'infectiosité du sang ne paraissant se manifester que dans les situations, très artificielles, de transmission expérimentale des encéphalopathies. Cependant, aucune de ces données ne concernait la nouvelle variante de la maladie de Creutzfeldt-Jakob, qui, à bien des égards, présente des propriétés particulières. N'ayant pu expérimenter sur l'homme, les auteurs de l'article de septembre 2000 rapportent les résultats préliminaires d'une expérience concernant la transmission de l'ESB chez le mouton. Dix-neuf animaux avaient reçu l'agent de l'ESB par voie orale, situation comparable à celle d'un être humain infecté lors de la contamination par la nourriture. À différents stades de l'incubation présumée de la maladie, des transfusions ont été réalisées entre ces animaux et d'autres moutons en principe exempts de tremblante ou d'ESB. Au moment de la publication de l'article, l'une de ces transfusions paraissait avoir entraîné la transmission de la maladie. Le donneur, dont on avait prélevé le sang trois cent dix-huit jours après l'inoculation par voie orale, devait contracter la maladie au jour six cent dix-neuf.

Le prélèvement de sang avait donc été fait environ à mi-chemin de l'incubation. Le receveur, quant à lui, manifesta les premiers signes d'une encéphalopathie six cent dix jours après la transfusion. Selon ce résultat, qui demande évidemment à être reproduit, le sang d'un animal en incubation de l'ESB pourrait être infectieux. Par extension, le sang d'un être humain en incubation de la nouvelle variante de la maladie de Creutzfeldt-Jakob pourrait également l'être.

Devant ce risque, très difficile à mesurer, que pouvaient faire les autorités sanitaires, tant dans les pays affectés par la nouvelle variante de la maladie de Creutzfeldt-Jakob que dans les autres ? En France, toute personne ayant reçu des injections d'hormones extraites d'hypophyses humaines, et donc à risque accru de contracter la maladie de Creutzfeldt-Jakob, avait antérieurement été exclue du don de sang, mais une extension de ce type de mesure aux personnes en incubation possible de la nouvelle variante de la maladie de Creutzfeldt-Jakob n'était pas possible, celles-ci n'étant pas connues. Par contre, les pays non affectés par cette maladie pouvaient refuser les dons de sang provenant de ressortissants des pays considérés comme à risque : c'est ce que certains ont fait. En France, à défaut de cesser totalement d'utiliser du sang d'origine nationale ce qui n'aurait pas manqué d'avoir de graves conséquences sur le plan de la santé publique, une autre mesure fut prise. Elle consistait à écarter du don de sang toute personne ayant reçu une transfusion sanguine. Faute de prévenir une contamination éventuelle par transfusion à partir d'une personne contaminée par voie alimentaire, cela empêchait que la personne transfusée ne contamine à son tour une ou plusieurs autres personnes. On peut donc considérer que, devant un risque vraisemblablement très faible, toutes les mesures raisonnables de protection ont été prises.

Outre le sang, d'autres tissus de personnes en incubation de la nouvelle variante de la maladie de Creutzfeldt-

Jakob pourraient être contaminants. Il semblerait en effet que, contrairement à l'agent de la maladie de Creutzfeldt-Jakob classique, celui de la nouvelle variante soit assez largement répandu dans les organes lymphatiques, peut-être du fait de sa voie d'entrée dans l'organisme. Cela pourrait nécessiter une modification des procédures de stérilisation des instruments chirurgicaux, comme c'est déjà le cas pour ceux qui sont utilisés en neurochirurgie.

Une autre question que beaucoup se posent au sujet des risques de transmission interhumaine est celle d'une transmission possible de la mère à l'enfant. Il n'existe actuellement aucune donnée sur une telle transmission dans le cas de la nouvelle variante. Par contre, des données recueillies dans le cas du kuru sont plutôt rassurantes. En effet, aucun enfant né après la cessation du cannibalisme n'a contracté la maladie, alors qu'au moins une centaine de ceux-ci sont nés de mère atteinte du kuru. Cette observation laisse espérer que la transmission de la nouvelle variante de la mère à l'enfant est, elle aussi, inexistante ou très rare.

Lorsqu'on considère toutes les conséquences de cette crise de la vache folle et que l'on se souvient de son origine probable – des modifications dans les procédés de préparation des farines animales destinées à l'alimentation du bétail – on ne peut manquer de s'étonner que cette crise ait éclaté en Grande-Bretagne. Entre tous les pays, c'est celui qui, touché le premier depuis longtemps par la tremblante, a fait le plus progresser les connaissances sur cette maladie. L'apport des vétérinaires britanniques, on l'a vu, a été déterminant. S'il est bien un pays où l'on aurait dû se méfier d'une transmission possible des encéphalopathies spongiformes par la nourriture, c'était bien celui-là. Il semblerait qu'un vétérinaire ait émis un avis négatif sur les modifications envisagées dans la préparation des farines animales, mais qu'il n'ait pas été entendu...

XXIV

LE SECRET DE LA GARDE-ROBE

Ce Mal que nous traquons depuis bientôt trois siècles, s'il a pu si longtemps échapper à ses poursuivants, c'est en grande partie grâce à la facilité déconcertante avec laquelle il sait changer d'apparence. La garde-robe dans laquelle ce criminel va puiser ses déguisements paraît sans limites. Quel est donc son secret ? La théorie du prion permet-elle de le deviner ?

Cette capacité du Mal à changer d'apparence, nous l'avons rencontrée dès le début, avec la difficulté de reconnaître la tremblante comme une maladie unique, d'où les nombreuses dénominations qu'elle a reçues. Nous l'avons retrouvée avec les différentes formes que peuvent prendre les encéphalopathies spongiformes humaines : la maladie de Creutzfeldt-Jakob proprement dite, puis le kuru, la maladie de Creutzfeldt-Jakob d'origine iatrogène, la nouvelle variante de la maladie de Creutzfeldt-Jakob, le syndrome de Gerstmann-Sträussler et l'insomnie fatale familiale. Nous l'avons également mentionnée au sujet de la tremblante expérimentale chez la souris, et ce cas vaut que nous y revenions brièvement, car c'est à ce propos, grâce au travail de longue haleine poursuivi depuis près d'un demi-siècle par des vétérinaires d'Édimbourg, Alan Dickinson, Richard Kimberlin, Moira Bruce et quelques autres, que cette variabilité de la maladie a été le plus étudiée, « étiquetée » en quelque sorte. Issues initialement de différents ovins atteints de tremblante, puis transférées de façon séquentielle sur diverses lignées de souris, plusieurs souches d'agent de la tremblante ont été caractérisées, une vingtaine environ. Ces souches se différencient principalement par la durée d'incubation de la maladie dans quatre lignées de souris et par la localisation des lésions qu'elles provoquent dans le cerveau de ces animaux. Les caractéristiques de ces souches de prions sont stables, se maintenant au cours de passages successifs dans une même lignée de souris. Cette stabilité est même étonnante, la durée d'incubation, par exemple, pour une dose donnée et par inoculation intracérébrale, pouvant être prévue à trois ou quatre jours près pour une souche donnée, dans une lignée donnée de souris, alors que les durées d'incubation pour deux souches différentes peuvent varier de cent cinquante à six cents jours.

À cette variété d'apparences au sein d'une espèce donnée, s'ajoutent les changements observés lorsque l'agent est transmis d'une espèce à l'autre et parvient à franchir la barrière d'espèce. Il acquiert ainsi de nouvelles propriétés dont celle, mais pas seulement elle, de s'adapter à son nouvel hôte et de pouvoir être transmise avec efficacité à d'autres individus de la même espèce. D'où vient donc cette capacité de l'agent à se différencier ainsi en souches douées de propriétés distinctes ?

S'il s'agissait d'un agent infectieux classique, d'une bactérie ou d'un virus, cela ne poserait guère de problèmes. Les propriétés de tels agents étant déterminées par leurs gènes, elles peuvent se voir modifiées par des mutations, correspondant à des changements accidentels dans la séquence des bases de l'acide nucléique. C'est ainsi, par exemple, que ces agents de type classique s'adaptent à de nouveaux hôtes, les mutants qui se développent plus rapidement que la souche initiale prenant rapidement le dessus. Dans le cas des ESST, par contre, et selon la théorie du prion, l'agent est dépourvu d'acide nucléique. C'est une protéine, qui peut exister sous deux formes, l'une dite « normale », et l'autre « infectieuse » qui est pathologique. Comment une seule forme pathologique pourrait-elle rendre compte de la multiplicité des tableaux cliniques de la maladie ? Beaucoup estiment qu'une telle variabilité de l'agent ne peut s'expliquer que si celui-ci possède un matériel génétique, un acide nucléique ayant échappé à toutes les analyses et susceptible d'être l'objet de mutations. Pourtant, une autre explication a été proposée par les tenants de l'hypothèse du prion, un peu complexe, mais fondée sur des résultats expérimentaux convaincants.

Cette explication, qui s'est fait jour entre 1995 et 2000, donne une double origine à la variabilité de l'agent des ESST : une origine génétique et une origine non génétique.

L'origine génétique résulte de la séquence d'acides aminés dans la protéine du prion. De variations dans cette séquence peuvent résulter des effets variés. Dans le cas des maladies de Creutzfeldt-Jakob familiales, dues à des mutations dans le gène du prion, la maladie se déclare spontanément avec une fréquence accrue par rapport au reste de la population et les symptômes varient selon les mutations présentes dans le gène. Chez l'homme toujours, il est apparu récemment que la nature de l'acide aminé à la position 129, dont on sait qu'elle influe sur la sensibilité à l'infection par un prion pathogène, influe également sur la nature des lésions dans le système nerveux. Chez la souris, on a vu que des mutations dans le gène du prion affectaient à la fois la durée d'incubation et la localisation des lésions dans le cerveau. Chez le mouton enfin, la séquence du gène du prion détermine la durée d'incubation de la maladie et la sensibilité à l'infection. Dans toutes ces situations, on peut admettre sans difficulté que des différences dans la séquence d'acides aminés du prion, résultant de différences dans la séquence des bases nucléiques dans le gène, conduisent à des différences de conformation de la protéine, et donc à des différences d'effets pathologiques.

Si l'origine génétique de la variabilité du prion est parfaitement orthodoxe, sa composante non génétique l'est beaucoup moins. Elle suppose qu'il existe non pas une seule mais plusieurs conformations infectieuses possibles pour une protéine du prion de séquence donnée, et que chacune de ces formes est capable d'imposer sa propre conformation à une protéine normale lors du « baiser de la mort ». Pour la plupart des biologistes, une telle hypothèse a longtemps paru relever de la plus haute fantaisie. En effet, l'idée prévalait depuis les débuts de la biologie moléculaire que la structure finale d'une protéine était entièrement déterminée par sa séquence en acides aminés. La conformation d'une protéine était prédéterminée et tout juste susceptible de subir de légères modifications sous l'effet d'un agent extérieur, comme par exemple dans les phénomènes d'activation et d'inhibition des enzymes. Ainsi, contrairement à la règle générale, la protéine du prion pourrait exister dans des conformations multiples, toutes stables et conduisant à des lésions de natures différentes dans le système nerveux ? Une telle affirmation ne pouvait que soulever l'incrédulité ! Et pourtant, cette hypothèse stupéfiante a reçu un soutien expérimental.

Initialement, ce soutien n'est pas venu de l'un des grands laboratoires étudiant la tremblante des ovins, l'ESB ou les encéphalopathies humaines, mais d'un laboratoire du Wisconsin qui étudiait depuis les années 1960 cette tremblante que les visons contractaient du fait de la nourriture qui leur était fournie. Les résultats qu'obtint ce laboratoire en étudiant deux souches d'agent qu'il avait caractérisées ont ensuite été étendus aux agents des ESST ovines, bovines et humaines. Globalement, ces études ont démontré par des méthodes biochimiques qu'un même agent pouvait effectivement exister dans plusieurs conformations [1]. Parmi les souches adaptées au hamster, le groupe de Prusiner est parvenu à en identifier jusqu'à huit différentes. Des conformations différentes de la protéine existent donc, on peut, en quelque sorte, les voir. Bien plus, une protéine infectieuse ayant une conformation donnée paraît pouvoir l'imposer à une protéine normale.

Les expériences démontrant ce dernier point ont été réalisées avec l'objectif de produire le « baiser de la mort » dans un tube à essais. Pouvait-on, comme le prévoyait la théorie, rendre résistante aux protéases et infectieuse la protéine normale en la mélangeant avec de la protéine infectieuse ? Les essais en ce sens sont longtemps restés totalement infructueux, jusqu'à ce que des chercheurs aient l'idée de « débobiner » quelque peu la protéine normale en la traitant avec un produit chimique adéquat, avant de la mélanger avec la protéine infectieuse. Mise alors en présence de protéine infectieuse, la protéine se « rembobine » sous une forme résistante aux protéases. Si l'on mélange des protéines infectieuses de conformations différentes avec la protéine normale partiellement « débobinée », celle-ci se « rembobine » en prenant la conformation de la protéine infectieuse que l'on a ajoutée. Ces expériences semblent donc indiquer que, conformément à la théorie, la protéine infectieuse peut imposer sa propre conformation à la protéine normale. Cependant, malheureusement, les conditions expérimentales ne permettent pas de savoir si la protéine devenue résistante aux protéases est également devenue infectieuse [2].

La variabilité du prion résulterait donc, d'une part, de la séquence d'acides aminés le composant (origine génétique) et, d'autre part, de sa conformation tridimensionnelle transmise lors du « baiser de la mort » (origine non génétique). Se fondant sur ce principe, un groupe de chercheurs a tenté de corréler les différents tableaux cliniques de la maladie de Creutzfeldt-Jakob sporadique, qui avaient conduit jadis à donner jusqu'à seize noms différents à cette maladie, avec, d'une part, la nature de l'acide aminé présent à la position 129 de la protéine du prion, et d'autre part la conformation de la protéine analysée par des techniques biochimiques. Ayant étudié dix-neuf malades, ils sont effectivement parvenus à les regrouper en quatre classes homogènes tant sur le plan des symptômes cliniques que sur celui des critères génétiques et non génétiques. La variabilité de la maladie de Creutzfeldt-Jakob sporadique pourrait donc effectivement résulter des différentes conformations que peut prendre la protéine.

Un autre aspect troublant de la biologie du prion est celui de la barrière d'espèce et de la capacité qu'a le prion de la surmonter en changeant de propriétés. L'idée qui prévaut, c'est que la barrière d'espèce résulte du fait que les protéines du prion s'assemblent de préférence avec des protéines ayant la même séquence d'acides aminés, donc des protéines de la même espèce. Pourquoi en serait-il ainsi ? Cette question nous conduit à ce qui est en fait un élément clé de la théorie du prion et qui, assez curieusement, n'a reçu que peu d'attention jusqu'à présent. Qu'est-ce qui cause le « baiser de la mort » ? Pourquoi la protéine infectieuse s'associe-t-elle avec la protéine normale pour la rendre infectieuse à son tour ? Pour que deux protéines s'associent, il faut qu'elles présentent des zones complémentaires à leur surface qui leur permettent de rester « collées » l'une contre l'autre. En termes biochimiques, on dit qu'elles doivent avoir de l'affinité l'une pour l'autre. Une telle situation ne se produit pas avec deux espèces protéiques quelconques. Pour que le « baiser de la mort » se produise, la protéine normale et la protéine infectieuse doivent pouvoir s'associer par des zones complémentaires, qui ne peuvent être là par hasard. Quelle peut être l'origine de ces zones complémentaires ? Deux hypothèses viennent à l'esprit.

Selon la première, la protéine du prion existerait normalement sous forme dimérique ou oligomérique [3] et posséderait donc à sa surface des régions complémentaires favorisant l'association entre molécules identiques. Dans la constitution du dimère, ou de l'oligomère, une molécule de protéine infectieuse pourrait prendre la place de la protéine normale, et ce serait le baiser de la mort. Cette association pourrait être plus difficile, mais néanmoins possible, en cas de différences de séquences entre la protéine infectieuse et la protéine normale, notamment si la protéine infectieuse provenait d'une espèce différente ; en effet, la complémentarité entre les régions appelées à s'associer pourrait alors ne pas être parfaite. Selon cette hypothèse, la protéine normale serait donc un dimère ou un oligomère, ce qui devrait être déterminé.

Selon la seconde hypothèse, la protéine normale serait un monomère, et les zones grâce auxquelles elle s'associerait avec la protéine infectieuse se situeraient habituellement à l'intérieur de la protéine et interviendraient dans le maintien de sa structure tridimensionnelle. Ces zones normalement enfouies pourraient être exposées lors d'un « débobinage » partiel et transitoire de la protéine, et permettraient alors une association avec des zones complémentaires, elles aussi transitoirement exposées, de la protéine infectieuse. Cette association, là encore, serait plus facile entre protéines identiques qu'entre protéines provenant d'espèces différentes. Cette dimérisation « contre nature » d'une protéine normale et d'une protéine infectieuse laisserait accessibles des zones d'association habituellement enfouies dans la molécule, lesquelles seraient susceptibles de mobiliser à leur tour d'autres molécules de protéines normales, ce qui démarrerait un processus de polymérisation. On pourrait imaginer que cette polymérisation s'accompagne de l'apparition de la résistance aux protéases caractéristique de la forme infectieuse.

Dans les deux hypothèses, on voit que le « baiser de la mort » est rendu possible par l'existence de zones d'interaction préexistant dans la protéine normale, à sa surface dans le premier cas, à l'intérieur de la protéine dans le second.

Tout cela peut constituer une histoire convaincante, mais il ne faut pas oublier qu'elle est fondée sur l'idée, proprement hérétique, qu'une protéine puisse exister dans une série de conformations stables correspondant aux diverses souches, situation dont il n'existe guère de précédent. C'est pourquoi beaucoup continuent à douter et pensent que, même si la protéine peut exister dans plusieurs conformations, « quelque chose », peut-être un acide nucléique, doit intervenir pour dicter au prion ces changements de conformation. C'est qu'en fait il manque encore la preuve absolue que l'hypothèse du prion est exacte.

Comment une telle preuve pourrait-elle être obtenue ? Une expérience idéale pourrait être conçue comme suit. La protéine normale serait préparée, grâce au génie génétique, à partir d'une bactérie ou d'une levure dans laquelle aurait été introduit le gène du prion. Mieux encore, elle pourrait être synthétisée par des procédés chimiques à partir des acides aminés. À cette protéine normale serait ajoutée une petite quantité de protéine infectieuse, purifiée autant que faire se peu, et des conditions devraient être trouvées telles que le pouvoir infectieux du mélange s'accroisse de manière significative. La protéine infectieuse ainsi synthétisée dans le tube à essais devrait à son tour pouvoir rendre infectieuse une autre solution de protéine normale préparée comme précédemment, et ainsi de suite. Cette expérience devrait être poursuivie jusqu'à ce que, du fait des dilutions successives, il ne reste plus de la protéine infectieuse initiale dans la préparation. En réalisant ainsi des « cultures » successives du prion, on rééditerait les expériences qui permirent jadis à Pasteur d'établir de façon définitive que le bacille du charbon était bien responsable de la maladie du même nom. Actuellement, hélas, personne n'est encore parvenu à démontrer l'apparition de prion infectieux dans un tube à essais [2].

Bien que des doutes subsistent sur la validité de l'hypothèse du prion, supposons-la établie. Pourrait-on dès lors considérer que la traque est terminée, que le Mal est démasqué ? Certes, un progrès considérable a été réalisé, mais de nombreuses zones d'ombre demeurent. De plus, connaître le Mal ne veut pas dire le vaincre. Il continue à faire des victimes : des nations entières, la Grande-Bretagne, la France, et d'autres sont dans l'angoisse. Non seulement les jeunes traités il y a quinze ou vingt ans avec l'hormone de croissance extraite d'hypophyses, mais, du fait de l'épidémie d'ESB, la population tout entière se demande combien seront touchés par la maladie de Creutzfeldt-Jakob et chacun redoute d'être frappé.

XXV

LE MAL

Le Mal serait donc causé par une molécule, une protéine, la même à peu de chose près chez toutes les espèces qui en sont victimes. Peut-on considérer que cette hypothèse rende compte, dans sa version actuelle, des différentes caractéristiques du Mal ? Avant de l'affirmer, il conviendrait de répondre encore à nombre de questions.

Une question évidente, déjà abordée plus haut, concerne la nature exacte des changements de conformation conduisant la protéine du prion à devenir infectieuse. La conformation de la protéine normale a été élucidée, mais pas celle des diverses formes infectieuses. L'insolubilité de celles-ci rend leur étude très difficile. Par ailleurs, le mécanisme du « baiser de la mort » reste à élucider. Se produit-il, en particulier, entre un monomère de protéine normale et un monomère de protéine infectieuse, entre deux dimères, ou bien, selon un schéma rappelant la cristallisation, entre un monomère ou dimère de protéine normale et un polymère de protéine infectieuse, formant un début de fibrille ?

Une autre question est celle du lieu précis où se produit ce « baiser de la mort ». Des expériences effectuées sur des cultures de cellules infectées par du prion indiquent que la protéine destinée à devenir infectieuse est d'abord exportée, sous forme de protéine normale, à la surface de la cellule où elle a été synthétisée, et que la conversion en protéine infectieuse se produit lorsqu'elle est réinternalisée, au cours d'un processus normal assurant le renouvellement de la membrane cellulaire. On pourrait donc imaginer que l'association entre protéine normale et protéine infectieuse se produise à la surface de la cellule, que le complexe soit internalisé en même temps que la membrane dans des compartiments intracellulaires qualifiés d'« endosomes », et que ce soit dans ces compartiments que se produise le changement de conformation rendant la protéine normale résistante aux protéases. Cette résistance lui permettrait de survivre et de s'accumuler dans la cellule. Ce schéma, encore très hypothétique, demande à être confirmé.

Puis vient une question cruciale : l'accumulation de la protéine infectieuse dans les cellules, en l'occurrence les neurones, est-elle responsable de la mort cellulaire, et donc, à terme, de l'apparition des vacuoles caractéristiques de la maladie ? Pour important qu'il soit, ce point n'a pas encore reçu de réponse satisfaisante. Si l'accumulation d'une protéine résistante aux protéases dans une cellule paraît susceptible d'altérer gravement le fonctionnement de celle-ci, la raison exacte pour laquelle cela devrait conduire à sa destruction n'est pas claire. De plus, des cas ont été décrits où la mort cellulaire se produirait sans qu'il y ait accumulation détectable de protéine du prion résistant aux protéases. La manière dont le prion tue reste donc à élucider.

Quel que soit le processus qui conduit le prion à détruire les neurones, les symptômes cliniques vont dépendre des neurones attaqués. C'est là une règle générale concernant les maladies du système nerveux : la destruction de certains neurones du cervelet conduit à des troubles de l'équilibre, alors que celle de certains neurones du cortex cérébral pourra conduire à des symptômes psychiatriques, par exemple. Or, nous l'avons vu, les différents types de manifestations cliniques des ESST, les multiples déguisements du Mal, résulteraient peut-être de la voie d'entrée du prion dans l'organisme, mais également de la conformation du prion, elle-même déterminée à la fois par des facteurs génétiques et des facteurs non génétiques. Cela pose une nouvelle question : comment la conformation du prion peut-elle déterminer les cellules qu'il va attaquer ? Cette question est aujourd'hui sans réponse.

Nous mentionnions à l'instant la voie d'entrée du prion dans l'organisme. L'injection intracérébrale, pratiquée dans les expériences sur les animaux, et survenue accidentellement chez l'homme au cours d'opérations neurochirurgicales avec des instruments contaminés, met directement le prion en contact avec ses cellules cibles. Ce ne fut pas le cas, par contre, lors des infections iatrogènes survenues lors d'injections d'hormone de croissance et ce n'est pas non plus le cas lors des infections par voie orale, probablement responsables de la persistance de la tremblante chez les moutons, de la contamination des bovins par l'ESB, de la contamination de l'homme par cette même maladie, et de l'épidémie de kuru chez les Forés. Comment le prion trouve-t-il alors son chemin jusqu'au système nerveux central, jusqu'au cerveau ?

La contamination par voie orale pose d'emblée un problème qui n'est pas trivial. En effet, le destin normal d'une protéine ingérée est d'être dégradée par les protéases du tube digestif ; elle sert ainsi de source d'acides aminés à l'homme ou l'animal qui l'a absorbée. Une protéine non dégradée est en principe éliminée avec les autres déchets provenant de l'alimentation. Une protéine échappant à la digestion n'est pas censée franchir la barrière intestinale. Les seules exceptions connues à cette règle sont des toxines, produites par des bactéries et qui possèdent des propriétés moléculaires très particulières leur permettant de reconnaître un récepteur à la surface de certaines cellules intestinales, puis de pénétrer à l'intérieur de celles-ci. Le prion se comporterait donc comme une toxine ? Nul ne le sait exactement, mais il faut garder en mémoire que la traversée de la barrière intestinale par le prion est sans doute beaucoup moins efficace que celle des toxines. On pourrait imaginer qu'une telle traversée, lente et inefficace, résulte de l'interaction du prion infectieux avec des cellules présentes à la surface intestinale et possédant de la protéine du prion normale dans leur membrane. Le prion infectieux se multiplierait à l'intérieur de cette cellule et, peut-être après destruction de celle-ci, serait transmis à une autre cellule porteuse de la protéine normale, et ainsi de suite. Ce n'est là encore qu'une hypothèse, mais qui nous conduit à la question de la nature des cellules assurant le voyage du prion de l'intestin au cerveau.

Une chose paraît certaine, c'est que le prion infectant n'est pas transporté tel quel jusqu'à sa cellule cible : il doit se « multiplier » en cours de route et ce sont, en quelque sorte, les descendantes des molécules initiales qui atteignent le cerveau. Le prion se propage par l'intermédiaire de cellules synthétisant la protéine normale, laquelle est convertie au passage en protéine infectieuse. De quels types cellulaires s'agit-il ? Nombre de données indiquent un rôle probable de cellules du système immunitaire. On se souvient peut-être que des ganglions lymphatiques étaient parmi les premiers organes à être infectés après l'intestin, lors de l'incubation de la tremblante naturelle chez le mouton. D'autres organes du système immunitaire, particulièrement la rate, apparaissent également comme des réservoirs importants de prions durant l'infection. Les premières étapes de la migration du prion, y compris la traversée de la barrière intestinale, pourraient donc se faire par l'intermédiaire du système immunitaire, le système nerveux périphérique, c'est-à-dire les nerfs, prenant ensuite le relais. Une transmission directe à partir des terminaisons nerveuses situées dans la paroi intestinale serait également possible.

La théorie du prion, on le voit, laisse encore bon nombre de questions sans réponse. Dans ses grandes lignes, cependant, elle ne manque pas d'être convaincante, si bien qu'elle est admise par la grande majorité des spécialistes du domaine. On serait donc tenté de conclure que la traque est arrivée à son terme, que le Mal est démasqué. Mais est-il pour autant vaincu ?

XXVI

VAINCRE LE MAL ?

Novembre 2000. Une chaîne de télévision diffuse une émission intitulée :

« Vache folle : la grande peur »

Ce Mal qui rôdait déjà du temps de Louis XV, et que nous traquons depuis bientôt trois siècles, sème donc la terreur aujourd'hui. Même démasqué, il n'est pas vaincu. Les images poignantes de jeunes gens, de mères de famille, incapables de se mouvoir, incapables de parler ou même de signifier s'ils comprennent quand on leur parle, frappés d'incontinence, et dans l'attente d'une mort certaine, ont bouleversé l'opinion. Aux yeux de la population, toute la production agro-alimentaire est devenue suspecte. La grande inquiétude des citoyens qui craignent de voir demain leurs enfants ou eux-mêmes touchés par cette terrible maladie, celle des éleveurs et des industriels guettés par la faillite et la ruine, ont eu d'importantes répercussions politiques.

Quelles sont donc les perspectives concernant la crise de la vache folle et ses conséquences ?

Au vu des mesures prises en Grande-Bretagne et dans les autres pays d'Europe sur l'utilisation des farines animales dans l'alimentation du bétail, il paraît vraisemblable que l'épidémie d'ESB parvienne à son terme d'ici trois ou quatre ans. Certes, une incertitude demeure quant à la possibilité d'une transmission de la maladie entre bovins, ce qui pourrait retarder quelque peu l'éradication complète de la maladie. Cependant, l'évolution de l'épidémie en Grande-Bretagne jusqu'à présent laisse penser que cette transmission, si elle existe, est très peu efficace.

L'hypothèse d'une transmission de la maladie aux ovins ne peut malheureusement pas être écartée. Si elle a eu lieu, elle n'a pas été massive. Cependant, même limitée, elle pourrait conduire à l'établissement de l'ESB de manière endémique dans le cheptel ovin, comme c'est le cas pour la tremblante, et il serait alors très difficile de l'en débarrasser. Les recherches actuellement effectuées en Grande-Bretagne n'ont heureusement pas permis, jusqu'ici, de retrouver l'agent de l'ESB chez les moutons.

À supposer que les produits d'origine bovine ou ovine aient déjà cessé, ou cessent rapidement, d'être contaminants, l'épidémie de nouvelle variante de maladie de Creutzfeldt-Jakob chez l'homme devrait arriver à son terme. À quelle échéance ? Cela dépendra, comme nous l'avons vu, de la durée d'incubation de la maladie. Il ne fait pas de doute que la Grande-Bretagne sera le pays le plus touché par cette maladie, mais la France et d'autres pays ayant eu des cas d'ESB autochtones, ou ayant importé des quantités importantes de produits d'origine bovine en provenance de ce pays, particulièrement à la fin des années 1980 ou au début des années 1990, seront également touchés. Dans l'hypothèse la plus défavorable, selon le groupe d'Anderson, environ cent trente mille Britanniques pourraient être touchés au cours des prochaines décennies. Pour la France, où seulement trois cas ont été rapportés jusqu'à présent, les prévisions sont très difficiles à faire. On peut supposer, ce qui est probable, que la plupart des cas actuels ou à venir proviennent ou proviendront de la consommation de produits d'origine bovine importés de Grande-Bretagne à la fin des années 1980 ou au début des années 1990. Du fait que cette consommation représentait environ 5 % de la production totale britannique, on pourrait estimer que le nombre de cas français devrait, lui aussi, représenter 5 % environ du nombre de cas britanniques, soit au maximum six à sept mille. Cependant ces estimations, qui cumulent un très grand nombre d'hypothèses, ont un fondement scientifique extrêmement ténu.

Finalement, plus sera grand le nombre de victimes « primaires », contaminées par l'alimentation, plus grand sera le risque, aujourd'hui impossible à évaluer, de victimes « secondaires », par transfusion ou actes chirurgicaux. Ce risque, il faut bien le noter, est aujourd'hui totalement théorique, et peut-être inexistant.

En attendant l'éradication complète de l'ESB, et pour reprendre certaines des interrogations mentionnées dans le prologue de cet ouvrage, que faut-il faire pour se protéger ? Consommer du lait et des produits laitiers paraît sans danger car ni l'agent de la tremblante ni celui de l'ESB n'ont pu y être détectés. La consommation de viande de bœuf d'origine française paraît, aujourd'hui, présenter un risque extrêmement faible. D'une part, en effet, et si l'on en juge d'après les tests réalisés récemment par l'agence française de sécurité sanitaire des aliments, le nombre d'animaux susceptibles d'être porteurs de l'agent de l'ESB et entrant dans la chaîne alimentaire doit être très inférieur à deux pour mille [1]. D'autre part et surtout, les muscles des animaux ne contiennent pas de quantité détectable de l'agent infectieux. Par contre, et pour encore un certain temps, la prudence s'impose vis-à-vis des abats dits « à risque », tels que le cerveau et la moelle épinière, qui ne devraient d'ailleurs pas être commercialisés.

Pourrait-on empêcher le bétail, bovin ou ovin, de contracter l'ESB ou la tremblante ? Une solution théorique a été évoquée dès lors que l'ablation du gène du prion s'est révélée rendre les souris immunes à la tremblante. Ne pourrait-on, de la même manière, retirer le gène du prion des vaches et moutons de notre cheptel ? L'idée n'est pas absurde, mais sa réalisation, à supposer qu'elle soit possible, ne pourrait être immédiate. La principale question serait celle des effets, à court ou long terme, de la suppression du gène du prion chez ces espèces. Une telle suppression pourrait avoir des conséquences totalement imprévisibles aujourd'hui, y compris de présenter un danger nouveau pour le consommateur. Il n'est même pas certain que, chez ces espèces, un animal dépourvu du gène du prion soit viable comme c'est le cas de la souris. Dans l'hypothèse où la possibilité de retirer ce gène sans dommage aurait été démontrée chez ces espèces, il resterait un travail considérable pour effectuer cette opération chez un nombre suffisant d'individus pour conserver la diversité des patrimoines génétiques de ces animaux. Cette approche n'est donc pas de nature à mettre fin à l'épidémie d'ESB chez les bovins, dont il y a par ailleurs tout lieu d'espérer qu'elle prenne fin d'elle-même assez rapidement. Peut-être, par contre, serait-elle à envisager si, par malheur, l'ESB devait s'installer de manière endémique, permanente, chez les ovins.

Que peut-on espérer des tests de diagnostic de l'ESB ? Les tests actuels, détectant la présence de la protéine du prion sous sa forme résistante aux protéases dans le cerveau des animaux, devraient voir leur sensibilité s'améliorer rapidement. Pratiqués systématiquement chez les animaux après l'abattage, ils devraient permettre de détecter, non seulement les animaux en phase clinique de la maladie, mais également ceux qui sont en phase d'incubation. Pourtant, il sera sans doute toujours difficile de savoir si la sensibilité sera suffisante pour écarter tout animal en début d'incubation, porteur du prion, et dont la viande et les abats pourraient être contaminants. Par ailleurs, l'éleveur souhaiterait évidemment savoir si son animal est contaminé avant qu'il ne parte à l'abattoir, autrement dit, il souhaiterait pouvoir disposer d'un test qui pourrait être mis en œuvre sur l'animal vivant. Aucun test de ce type n'existe pour l'instant, car la protéine du prion paraît absente, ou en quantités infinitésimales, dans les différents fluides, tels que le sang et l'urine, que l'on peut prélever sans dommage chez l'animal vivant. Cette remarque est également valable pour l'homme, chez lequel le seul diagnostic irréfutable, à moins de faire une biopsie du cerveau, reste l'examen de celui-ci après la mort.

À défaut de pouvoir empêcher totalement tout risque de contamination de l'homme par l'ESB, du moins tant que dure l'épidémie de cette maladie chez les animaux de boucherie, serait-il possible de prévenir, ou de guérir, la maladie de Creutzfeldt-Jakob ? Cette question ne concerne pas seulement la nouvelle variante de cette maladie, mais également les autres formes, spontanées, familiales, ou iatrogènes. Une vaccination paraît *a priori* difficile à envisager. En effet, à supposer que l'on parvienne à déclencher une réaction immunitaire contre la protéine du prion, cela risquerait de provoquer une maladie autoimmune avec destruction, par le système immunitaire, des cellules portant la protéine normale à leur surface. On peut songer à tenter d'empêcher la synthèse de la protéine normale chez les personnes infectées. Outre que les moyens d'y parvenir ne sont pas évidents, on retrouve l'interrogation concernant le rôle de cette protéine. Il n'est pas certain que, chez l'homme, l'absence de cette protéine soit anodine. L'arme idéale consisterait à empêcher la protéine normale de se convertir en protéine infectieuse. Des essais en ce sens sont actuellement tentés. Quelques résultats prometteurs ont été obtenus mais il y a encore loin de ces résultats au médicament.

ÉPILOGUE

Le Mal n'est donc pas encore vaincu.

S'il a pu résister si longtemps à la traque organisée par les vétérinaires, les médecins et les chercheurs, c'est qu'il accumule nombre de caractéristiques totalement contraires à l'orthodoxie.

Il s'agit d'une maladie transmissible, certes, mais d'une maladie transmissible dont la durée d'incubation dépasse de loin tout ce qui était connu en la matière. C'est une maladie infectieuse ne provoquant aucune réaction de défense de l'organisme, caractéristique étrange qui a longtemps mis les chercheurs sur une fausse piste. Elle est due à un agent infectieux qui résiste à tous les procédés habituels de décontamination et c'est ce qui a conduit à l'hypothèse, hérétique entre toutes, d'un agent infectieux dépouvu d'acide nucléique, un « prion » de nature exclusivement protéique. Pour être infectieuse, la maladie n'en est pas moins parfois héréditaire, ou bien peut apparaître spontanément, ce qui est contraire au dogme pasteurien.

À la protéine du prion, les chercheurs doivent attribuer nombre de propriétés qui heurtent leurs habitudes de pensée. Il s'agirait d'une protéine « passe-muraille », capable de franchir la barrière intestinale, de s'introduire dans le système lymphatique, de pénétrer dans le système nerveux en remontant jusqu'au cerveau, de s'introduire dans les neurones et de les détruire. Par ailleurs, cette protéine est censée prendre plusieurs conformations différentes, toutes stables, et influant tant sur la durée d'incubation de la maladie que sur la nature des lésions retrouvées dans le système nerveux central. Pour le biologiste moléculaire, élevé dans l'idée qu'à chaque protéine correspond une structure tridimensionnelle, déterminée par sa séquence en acides aminés, cette idée est très difficile à accepter.

L'étrangeté des caractéristiques du Mal, sa capacité à se dissimuler sous des déguisements variés ont certainement contribué à retarder son identification. Mais si la traque a duré si longtemps, c'est aussi pour une autre raison : son progrès fut étroitement lié au développement de la connaissance scientifique et de la technologie. (Voir Chronologie à la fin de cet ouvrage.)

L'analyse des succès de la traque et de ses lenteurs fait apparaître certains aspects, constants mais souvent méconnus, de la recherche scientifique. L'un d'entre eux est le rôle de ce que l'on peut appeler les « dogmes ». Les dogmes, ce sont des explications de tel ou tel fait ou phénomène observé dans la nature et qui sont plus ou moins universellement acceptées parce qu'elles résultent d'une série d'observations concordantes. Un exemple serait le rôle des acides nucléiques comme supports de l'hérédité. Établi par un nombre suffisant de données expérimentales, ce rôle est devenu un dogme. Il n'allait pas être remis en question lors de l'étude de chaque caractère héréditaire. Accepter ce rôle comme un fait établi était essentiel si l'on voulait progresser. Dans ce contexte, l'idée qu'un agent infectieux capable de se reproduire serait dépourvu d'acide nucléique n'a pu, pendant longtemps, être accueillie qu'avec le plus extrême scepticisme. Ce genre de situation n'a rien d'exceptionnel. Il est fréquent qu'un chercheur fasse des observations qui paraissent en contradiction avec les théories dominantes. Dans un premier temps, ces observations, ou leur interprétation, seront nécessairement mises en doute. Pour persuader ses collègues qu'elles sont correctes et que les théories dominantes doivent être remises en cause, le chercheur doit déployer des trésors d'imagination afin de leur présenter des résultats convaincants. La traque a dû renverser toute une série de dogmes, ou du moins tenter de le faire : cela n'a pas facilité sa progression !

Un autre aspect qui vaut d'être souligné est l'intérêt qu'il peut y avoir à poursuivre des recherches sur des sujets ésotériques et apparemment d'importance mineure, pourvu qu'elles soient de qualité. En effet, la tendance actuelle est un peu trop à la planification de la recherche, à sa focalisation sur des sujets susceptibles de déboucher sur des applications à court ou moyen terme. Or, si cette politique avait été suivie de façon stricte dans le passé, nous serions aujourd'hui totalement démunis devant l'épidémie d'ESB et ses conséquences pour la santé publique. Il est heureux que des vétérinaires, pendant des années, aient étudié la tremblante, cette obscure maladie des moutons, et que des médecins se soient penchés sur l'affection extrêmement rare qu'est la maladie de Creutzfeldt-Jakob. Il est heureux également que Gajdusek ait trouvé les moyens d'étudier le kuru, cette maladie étrange affectant une tribu de papous, faute de quoi le rapport entre les ESST animales et humaines aurait sans doute mis fort longtemps à être établi.

En dépit de sa médiatisation actuelle, l'étude des ESST reste un sujet relativement marginal. De par sa difficulté d'abord, mais aussi parce que ces maladies constituent quantitativement un problème mineur de santé publique. La maladie de Creutzfeldt-Jakob sporadique ne touche toujours qu'environ une personne sur un million chaque année et n'est donc responsable que d'une mort sur dix mille. Quant au nombre total de personnes atteintes par la nouvelle variante de cette maladie, il atteint à peine la centaine. Certes, ce dernier nombre ne peut manquer d'augmenter, mais même si l'on en croit les prévisions les plus pessimistes, il devrait en principe rester très modeste par rapport à celui des victimes des autres maladies qui frappent nos populations. De plus, cette nouvelle maladie devrait disparaître dans les prochaines années à la suite des mesures prises pour mettre fin à l'épidémie d'ESB. La tentation pourrait être grande, donc, de ne pas investir exagérément dans l'étude des ESST. Ce serait une grave erreur parce qu'une compréhension des mécanismes intimes les sous-tendant est de nature à apporter des idées nouvelles à l'ensemble de la biologie. De plus, sur le plan de la santé publique, un médicament susceptible de guérir la maladie de Creutzfeldt-Jakob, même s'il devait être d'une rentabilité plus que douteuse, aurait de grandes chances de faire progresser la recherche pharmaceutique sur d'autres maladies dégénératives du système nerveux présentant des similitudes évidentes avec les ESST et beaucoup plus répandues, telles que la maladie d'Alzheimer.

Un dernier aspect qui ressort de l'histoire de cette traque est le cloisonnement qui existe entre les champs de la connaissance. C'est là un point d'une grande importance et qui est peu explicité. Il suffit, pour s'en convaincre, de se référer à plusieurs affaires récentes, y compris celle de la vache folle, où des avocats, la presse et le public, se sont écriés d'une seule voix : « On savait et on n'a rien fait ! »

Dans cette formule lapidaire, toute l'ambiguïté réside dans le « on ». Qui savait quoi ? C'est que le temps est loin où un honnête homme pouvait prétendre connaître une bonne partie du savoir universel. Le temps des Léonard de Vinci est révolu. Le champ du savoir humain est devenu immense et les hommes de science les plus cultivés ne peuvent prétendre en connaître qu'une infime parcelle. Non seulement ce champ est immense, mais il ne cesse de grandir. On estime aujourd'hui que vingt-cinq millions d'articles scientifiques sont produits par an, soit environ cent mille par jour ! Si l'on se restreint au seul domaine des sciences de la vie, et aux publications les plus importantes, référencées dans les grandes bases de données internationales, on compte encore de l'ordre de trois cent mille articles par an, soit environ mille par jour. Même dans des domaines plus limités, il est extrêmement difficile pour les chercheurs de se tenir au courant tout en effectuant leurs propres travaux. Aussi ne suffit-il pas que des travaux aient été publiés pour qu'ils soient *ipso facto* connus de toute la communauté scientifique. En général, un chercheur connaît bien les travaux dans son propre domaine, un peu ceux des domaines connexes, guère ceux de domaines plus éloignés. Prenons l'exemple de Gajdusek. Ce futur lauréat du prix Nobel, lorsqu'il commença à travailler sur le kuru, ignorait tout de l'existence de la maladie de Creutzfeldt-Jakob, pourtant décrite quarante ans plus tôt, et de la tremblante, sur laquelle existaient des publications depuis deux siècles. Revenons sur le drame de l'hormone de croissance. Objectivement, nous l'avons vu, il existait toutes les raisons de se méfier d'un tel traitement. Cependant, ni les endocrinologues ni les pédiatres n'avaient de raison de connaître la littérature vétérinaire sur la tremblante. « On » savait peut-être, mais ceux qui mettaient au point le traitement contre le nanisme hypophysaire ne savaient pas. De telles situations pourront-elles être évitées dans le futur ? Certes, le développement des techniques de communication électronique facilite, et facilitera de plus en plus, l'accès à une information de plus en plus vaste. Cependant, en dernière analyse, pour acquérir une information, il faut la rechercher et avoir le temps matériel de l'assimiler. Or, même s'ils avaient disposé d'internet, les endocrinologues et les pédiatres, ayant déjà beaucoup de mal à suivre l'évolution de leur propre domaine, n'auraient pas été rechercher les publications sur la tremblante.

Au milieu du XVIIIe siècle, alors que les éleveurs anglais commençaient à percevoir les manifestations du Mal, les linguistes inventaient un terme qui, à double titre, paraît aujourd'hui particulièrement idoine pour le caractériser : protéiforme. D'une part, en effet, tel le dieu Protée, c'est en changeant perpétuellement d'apparence qu'il a su échapper si longtemps à ses poursuivants ; mais, d'autre part, c'est à la multiplicité des formes que prend une protéine [1] que le Mal doit cette étonnante faculté.

Ce Mal protéiforme, en dépit de ses propriétés tout à fait extraordinaires, ne constitue cependant qu'un exemple parmi d'autres de ces nouvelles maladies infectieuses dont Louis Pasteur et Charles Nicolle, comme nous l'avons rappelé en exergue de cet ouvrage, avaient prévu l'émergence. Durant cette fin de millénaire, l'humanité en a connu de nombreuses, à commencer par le sida. Toutes ont été dues à des agents infectieux maintenus depuis longtemps dans un réservoir naturel, mais auxquels les changements dans nos modes de vie ont donné l'occasion de se répandre dans l'humanité. Selon Charles Nicolle, nous serions condamnés à ne jamais savoir dépister ces maladies nouvelles dès leur origine. Pourtant, l'histoire que nous venons de conter montre que ce n'est plus tout à fait exact. Ainsi, l'émergence de la maladie de Creutzfeldt-Jakob iatrogène chez les enfants traités à l'hormone de croissance a été reconnue avec une remarquable célérité dès l'apparition des premiers cas en 1985. De même, la nouvelle variante de la maladie, dont l'apparition était redoutée suite à l'épidémie d'ESB, a été détectée dès sa survenue. Il se trouve, malheureusement, que nous étions en présence d'une maladie à très longue durée d'incubation, de telle sorte que, dans les deux cas, maladie iatrogène ou transmission de l'ESB à l'homme, un nombre important de personnes avaient déjà été contaminées lorsque la maladie s'est manifestée. Cependant ces maladies ont bien été détectées dès leur origine et cela est porteur d'espoir pour l'avenir.

L'accumulation des connaissances en biologie et en médecine, le perfectionnement des techniques de diagnostic et la mise en place de multiples réseaux de surveillance épidémiologique nous permettent de plus en plus souvent de repérer de façon très précoce les nouvelles maladies infectieuses. Demain, une meilleure prise en compte des interactions entre l'espèce humaine et l'environnement nous permettra peut-être, non seulement de dépister les nouvelles maladies, mais de prévenir leur émergence.

CHRONOLOGIE

DATES	LA TRAQUE	LA SCIENCE	LES CONTRE-ATTAQUES DU MAL
Milieu du XVIIIe siècle	Premières descriptions connues de la tremblante du mouton.		
1848		Pasteur invente la « chimie à trois dimensions ».	
Années 1860		Mendel découvre « les gènes » (ainsi nommés ultérieurement).	
Années 1870		Pasteur et Koch démontrent le rôle des microbes dans les maladies contagieuses	
1898	Besnoit découvre la présence de « vacuoles » dans les neurones de moutons atteints de tremblante.		
1900 - 1920		Débuts de la génétique et théorie chromosomique de l'hérédité.	
1918	La tremblante paraît contagieuse dans les conditions naturelles.		
1920 -1923	Creutzfeldt et Jakob décrivent les premiers cas de la maladie qui devait porter leurs noms.		
1931-1934			Gordon effectue les premiers essais d'un vaccin vétérinaire contre le *louping ill*.

DATES	LA TRAQUE	LA SCIENCE	LES CONTRE-ATTAQUES DU MAL
1932		Fred Griffith identifie le « facteur transformant », capable de modifier un caractère héréditaire chez une bactérie.	
1936-1938	Cuillé et Chelle montrent que la tremblante est inoculable (transmissible).		
1937			Épidémie massive de tremblante chez des moutons vaccinés avec un lot de vaccin contre le *louping ill*.
1941		Un gène code pour une enzyme (Beadle et Tatum).	
1944		Le « facteur transformant » est de l'ADN. Les acides nucléiques sont le support chimique de l'hérédité (Avery et coll.).	
1953		Structure de l'ADN (Watson et Crick). Débuts de la biologie moléculaire.	
1955-1957	Zigas « découvre » le kuru chez les Forés de Papouasie-Nouvelle-Guinée.		
1957	– Gajdusek rejoint Zigas. – Klatzo note la similitude entre les lésions cérébrales du kuru et celles de la maladie de Creutzfeldt-Jakob.		Mise au point de la purification de l'hormone de croissance à partir d'hypophyses humaines.

DATES	LA TRAQUE	LA SCIENCE	LES CONTRE-ATTAQUES DU MAL
1959	Hadlow note les similitudes entre kuru et tremblante.		Début du traitement du nanisme hypophysaire avec l'hormone de croissance d'origine humaine.
1961	– Identification de plusieurs « souches » d'agent de la tremblante (Pattison, Millson). – Transmission de la tremblante à la souris et première quantification de l'agent infectieux (Chandler).	Régulation de l'expression des gènes (Jacob et Monod).	
1963	Gibbs et Gajdusek inoculent à des chimpanzés des extraits de cerveau de Forés morts du kuru.	Régulation de l'activité des enzymes (Monod, Wyman, Changeux).	
1966	– Le kuru a été transmis aux chimpanzés. – L'agent de la tremblante est très résistant aux radiations ionisantes et au rayonnement ultraviolet (Alper).		
1967	Comment une protéine pourrait être infectieuse ? (hypothèses de J. Griffith).		
1968	– Confirmation du caractère contagieux de la tremblante chez les moutons. – Comme le kuru, la maladie de Creutzfeldt-Jakob a été transmise à des chimpanzés. Ces deux maladies et la tremblante sont regroupées sous le nom d'encéphalopa-		

DATES	LA TRAQUE	LA SCIENCE	LES CONTRE-ATTAQUES DU MAL
	thies spongiformes subaiguës (ESS, ultérieurement ESST). – Un gène de sensibilité à l'infection par la tremblante mis en évidence chez la souris.		
1973			Production et distribution de l'hormone de croissance humaine en France.
1974			Première transmission iatrogène reconnue de la maladie de Creutzfeldt-Jakob (greffe de cornée)
1975-1985		Développement des techniques du génie génétique (clonage et séquençage des gènes).	
1976	Prix Nobel décerné à Gajdusek.		
1979	L'incidence annuelle de la maladie de Creutzfeldt-Jakob est d'environ un cas par million d'habitants dans tous les pays. Pas de corrélation géographique entre cette incidence chez l'homme et celle de la tremblante chez les ovins.		
1980	Transmission du kuru et de la maladie de Creutzfeldt-Jakob au singe écureuil par l'alimentation.		Lettre de Montagnier à l'Association France Hypophyse.
1982	– La contagion naturelle de la tremblante se fait probable-		

DATES	LA TRAQUE	LA SCIENCE	LES CONTRE-ATTAQUES DU MAL
	ment par voie orale (Hadlow). – L'agent de la tremblante serait totalement ou principalement de nature protéique. Prusiner lui donne le nom de prion.		
1985	Le gène du prion est omniprésent chez les mammifères (Weissmann, Prusiner et coll.)		– Premiers cas de maladie de Creutzfeldt-Jakob chez des jeunes traités à l'hormone de croissance. – Premiers cas (rétrospectifs) d'encéphalopathie spongiforme bovine (ESB) chez les vaches britanniques.
1986-1988			Remplacement progressif dans la plupart des pays de l'hormone de croissance extractive par de l'hormone obtenue par génie génétique.
1987			Premier article scientifique sur l'ESB (Wells).
1988			Mise en évidence du rôle des farines animales dans le déclenchement de l'épidémie d'ESB (Wilesmith). Premières mesures prises par le gouvernement britannique pour mettre fin à cette épidémie.
1989	Premières indications que les maladies de Creutzfeldt-Jakob à caractère familial résultent de mutations dans le gène du prion.		

DATES	LA TRAQUE	LA SCIENCE	LES CONTRE-ATTAQUES DU MAL
1989-1990	Le prion infectieux pourrait modeler le prion normal à son image : c'est le « baiser de la mort » (Weissmann, Prusiner).		
1990-1992		Développement des techniques permettant d'inactiver sélectivement des gènes dans l'embryon de souris.	
1991			Une étude épidémiologique suggère que la transmission de l'agent de l'ESB par les farines animales pourrait résulter de l'arrêt de l'utilisation des solvants organiques dans la préparation de celles-ci (Wilesmith).
1992-1993	L'inactivation du gène du prion chez la souris rend celle-ci résistante à l'agent de la tremblante : la protéine du prion est donc un composant essentiel de l'agent infectieux (Weissmann et Prusiner).		
Années 1990		Développement des techniques de résonance magnétique nucléaire et construction de spectromètres à haut champ permettant d'élucider la structure des protéines.	

DATES	LA TRAQUE	LA SCIENCE	LES CONTRE-ATTAQUES DU MAL
1993	Différences de structures entre le prion normal (riche en hélices α) et le prion infectieux (contenu élevé en feuillets β) (Cohen, Prusiner).		
1994	– Premiers arguments sur l'existence de différences de structure entre les agents de diverses « souches » de tremblante. – Conversion, dans les tubes à essais, de la protéine normale sensible à la protéase K, en protéine résistante à la protéase K comme l'est la protéine infectieuse, par mélange avec celle-ci. Impossibilité technique de démontrer si cette conversion s'accompagne de l'apparition du caractère infectieux.		
1996			Identification de la « nouvelle variante » de la maladie de Creutzfeldt-Jakob chez dix jeunes Britanniques. Elle résulte probablement de la consommation de produits d'origine bovine contenant l'agent de l'ESB (Will et coll.).
1996 -1997	Structure tridimensionnelle de la protéine du prion sous sa forme normale. (Wüthrich, Glockshuber).		

DATES	LA TRAQUE	LA SCIENCE	LES CONTRE-ATTAQUES DU MAL
1997	– Prix Nobel à Prusiner.		Démonstration que l'agent de l'ESB et celui de la nouvelle variante de la maladie de Creutzfeldt-Jakob ont des propriétés très similaires. L'hypothèse d'une contamination des humains par l'agent de l'ESB se trouve ainsi confirmée.
1997-2000	– Rôle du système lymphatique (la rate, notamment) dans la transmission du prion de l'intestin au cerveau.		
2000			– Craintes d'une transmission possible de l'agent de la nouvelle variante de la maladie de Creutzfeldt-Jakob par transfusion sanguine. – Estimation du nombre de décès à prévoir en Grande-Bretagne du fait de cette nouvelle variante (Anderson).

NOTES

Cet étrange vertige du mouton

1. MATHIEU M., « Quelques mots sur la question ovine. Vente de béliers à Grignon », *Recueil de Médecine Vétérinaire*, vol. 53, 1876, p. 804-808.

2. COMBER T., *Real improvements in agriculture (on the principles of A. Young, Esq.). Letters to Reade Peacock, Esq. and to Dr Hunter, Physician in York, concerning the rickets in sheep*, Nicoll, London, 1772, p. 73-83.

3. ANONYMOUS, *Journal of the House of Commons*, vol. 27, 1755, p. 87. Voir également Davis T., *General view of the agriculture of Wiltshire*, Phillips, London, 1811, p. 145-146.

4. BERTRAND I., CARRÉ H. et LUCAM F., « La tremblante du mouton », *Recueil de Médecine Vétérinaire*, vol. 113, 1937, p. 540-561.

5. SCHMALZ, « Observations relatives au rapport de M. Lezius, sur le vertige des moutons », *Bulletin des Sciences Agricoles et Économiques*, vol. 7, 1827, p. 217-219.

6. ROCHE-LUBIN, « Mémoire pratique sur la maladie des bêtes à laine connue sous les noms de prurigo-lombaire, convulsive, trembleuse, tremblante, etc. », *Recueil de Médecine Vétérinaire*, vol. 25, 1848, p. 698-714.

7. PASTEUR L., « Sur la relation qui peut exister entre la forme cristalline et la composition chimique, et sur la cause de la polarisation rotatoire », *Comptes Rendus à l'Académie des Sciences*, vol. 26, 1848, p. 535-538.

Molécules et microbes

1. PASTEUR L., *Examen critique d'un écrit posthume de Claude Bernard sur la fermentation*, Gauthier-Villars, Paris, 1879. Cité dans : *Œuvres de Pasteur*, tome 2, Masson, Paris, p. 547.

2. DUCLAUX É., *Pasteur. Histoire d'un esprit*, Masson, Paris, 1896, p. 363.

Vers de terre et chiens enragés

1. ROUX É., « L'œuvre médicale de Pasteur », *Agenda du chimiste*, 1896. Cité par Duclaux É. *in Pasteur. Histoire d'un esprit*, Masson, Paris, 1896, p. 355-356.

2. NOCARD E., cité par NICOL L. *in L'Épopée pastorienne et la médecine vétérinaire*, chez l'auteur, 1974, p. 429.

3. BOULEY H., *Recueil de Médecine Vétérinaire*, vol. 51, 1874, p. 5.

4. TABOURIN F., « Sur la spontanéité et la contagion des maladies », *Recueil de Médecine Vétérinaire*, vol. 51, 1874, p. 263-291.

5. TABOURIN F., « Des générations dites *spontanées* et de leurs rapports avec les maladies parasitaires, infectieuses et virulentes », *Recueil de Médecine Vétérinaire*, vol. 55, 1878, p. 609-615.

La tremblante au microscope

1. GIRARD J., « Notice sur quelques maladies peu connues des bêtes à laine », *Recueil de Médecine Vétérinaire*, vol. 7, 1830, p. 26-39.

2. BESNOIT C. et MOREL C., « Note sur les lésions nerveuses de la tremblante du mouton », *Comptes Rendus de la Société de Biologie*, vol. 5, 1898, p. 536-538.

3. BESNOIT C., « La tremblante ou névrite périphérique enzootique du mouton », *Revue Vétérinaire*, vol. 24, 1899, p. 333-343.

4. STOCKMAN S., « Scrapie : an obscure disease of sheep », *Journal of Comparative Pathology and Therapeutics*, vol. 26, 1913, p. 317-327.

Creutzfeldt, Jakob et les autres

1. CREUTZFELDT H.G., « Über eine eigenartige herdförmige Erkrankung des Zentralnervensystems », *Monographien aus dem Gesamtgebiete der Neurologie und Psychiatrie*, vol. 57, 1920, p. 1-18.

2. JAKOB A., « Über eigenartige Erkrankung des Zentralnervensystem mit bemerkenswertem anatomischen Befunde (Spastische Pseudosklarose-encephalomyelopathie mit disserminierten Degenerationsherden) », *Monographien aus dem Gesamtgebiete der Neurologie und Psychiatrie*, vol. 64, 1921, p. 147-228.

3. SPIELMEYER W., « Die histopathologische forschung in der psychiatrie », *Klinische Wochenschrift*, vol. 1, 1922, p. 1817-1819.

4. KATSCHER F., « It's Jakob's disease, not Creutzfeldt's », *Nature*, vol. 393, 1998, p. 11.

La tremblante est inoculable

1. CUILLÉ J. et CHELLE P-L., « La maladie dite tremblante du mouton est-elle inoculable ? », *Comptes Rendus à l'Académie des Sciences*, (Série D) vol. 203, 1936, p. 1552-1554.

2. BERTRAND I., CARRÉ H. et LUCAM F., « La tremblante du mouton », *Recueil de Médecine Vétérinaire*, vol. 113, 1937, p. 586-603.

3. Selon R. Rhodes (voir bibliographie), le *louping ill*, maladie provoquée par un virus transmis par les tiques, porterait en français le nom de « maladie du bondissement ». En effet, les lésions cérébrales induites par le virus conduiraient les moutons à se déplacer bizarrement par des sortes de bonds.

4. GORDON W.S., « Advances in veterinary research. Louping-ill, tick-borne fever and scrapie », *Veterinary Records*, vol. 58, 1946, p. 516-520.

La chèvre et la souris aussi

1. CHANDLER R.L., « Encephalopathy in mice produced by inoculation with scrapie brain material », *Lancet*, 1961, i, p. 1378-1379.

Le kuru des Forés

1. ZIGAS V., *Laughing Death. The untold story of kuru*, Humana Press, Clifton, New Jersey, 1990, p. 1.

2. MACARTHUR J.R., cité dans : ZIGAS V. et GAJDUSEK D.C., « Kuru : clinical study of a new syndrome resembling paralysis agitans in natives of the Eastern Highlands of Australian New Guinea », *The Medical Journal of Australia*, vol. 2, 1957, p. 745-754.

3. ZIGAS V., *opus cit.*, p. 130.

4. ZIGAS V., *opus cit.*, p. 142-144.

5. ZIGAS V., *opus cit.*, p. 226.

6. GADJDUSEK D.C. et ZIGAS V., « Degenerative disease of the central nervous system in New Guinea – The endemic occurrence of "kuru" in the native population », *New England Journal of Medecine*, vol. 257, 1957, p. 974-978.

La chute du mur

1. HADLOW W.J., « Scrapie and kuru », *Lancet*, ii, 1959, p. 289-290.

Du collier de perles à la double hélice

1. Le « sexe » des enzymes a fait l'objet de longs débats. Nous emploierons le féminin comme l'a recommandé l'Académie, bien que la plupart des biologistes moléculaires utilisent le masculin.

2. WATSON J.D. et CRICK F.H.C., « A structure for deoxyribose nucleic acid », *Nature*, vol. 171, 1953, p. 737-738.

Un virus fantôme

1. ALPER T., HAIG D.A. et CLARKE M.C., « The exceptionally small size of the scrapie agent », *Biochemical and Biophysical Research Communications*, vol. 22, 1966, p. 278-284.

2. GRIFFITH J.S., « Self replication and scrapie », *Nature*, vol. 215, 1967, p. 1043-1044.

Un drame se noue

1. « Endocrine » signifie « qui sécrète à l'intérieur » ; les glandes ainsi qualifiées, telles que l'hypophyse, la thyroïde ou le pancréas, déversent donc les produits qu'elles sécrètent dans les fluides internes (sang ou lymphe). Par opposition, les glandes « exocrines », telles que les glandes salivaires ou mammaires, sécrètent vers l'extérieur.

2. RABEN M.S., « Preparation of growth hormone from the pituitaries of man and monkey », *Science*, vol. 125, 1957, p. 883-884.

3. MILNER R.D.G., RUSSEL-FRASER T., BROOK C.D.G. et coll., « The experience with human growth hormone in Great Britain. The report of the MRC working party », *Clinical Endocrinology*, vol. 11, 1979, p. 15-38.

Un cas sur un million

1. MASTERS C.L., HARRIS J.O., GAJDUSEK D.C. et coll., « Creutzfeldt-Jakob disease : patterns of worldwide occurrence and the significance of familial and sporadic clustering », *Annals of Neurology*, vol. 5, 1979, p. 177-188.

Le prion

1. PRUSINER S.B., « Novel proteinaceous infectious particles cause scrapie », *Science*, vol. 216, 1982, p. 136-144.

2. Il apparaîtra que, même dans ces conditions, la protéine du prion n'est pas totalement résistante à la protéase utilisée, en ce sens qu'un fragment de la chaîne, situé à l'une des extrémités, est éliminé. Cependant la partie restante, non détruite, porte les propriétés infectieuses de la protéine.

Avril 1985

1. BROWN P., « Human growth hormone therapy and Creutzfeldt-Jakob disease : a drama in three acts », *Pediatrics*, vol. 81, 1988, p. 85-92.

2. WELLS G.A.H., SCOTT A.C., JOHNSON C.T. et coll., « A novel progressive spongiform encephalopathy in cattle », *Veterinary Records*, vol. 121, 1987, p. 419-420.

La revanche des spontanéistes

1. La dure-mère est une membrane relativement rigide qui enveloppe le cerveau, et dont on emploie des fragments en neurochirurgie pour protéger de petites zones cérébrales découvertes lors d'une opération. Ces greffes de dure-mère, comme l'administration d'hormone de croissance, ont causé la transmission de la maladie de Creutzfeldt-Jakob à un nombre relativement important de patients (cent quatorze au total jusqu'en juillet 2000), particulièrement au Japon.

2. Le nom de Scheinker, bien qu'associé à la publication initiale en 1936, est aujourd'hui généralement omis dans la dénomination du syndrome.

Grandir et mourir

1. Cette lettre figure parmi les annexes du *Rapport sur l'hormone de croissance et la maladie de Creutzfeldt-Jakob*, rendu public en décembre 1992 par l'Inspection générale des Affaires sociales (IGAS, SA 19, n° 92145). C'est également le cas du procès-verbal de la réunion du conseil d'administration de l'Association France-Hypophyse mentionné plus loin.

2. L'erreur commise dans l'orthographe des noms illustre le peu de familiarité que les virologistes avaient avec cette maladie à l'époque.

3. ANONYMOUS, « Ban of growth hormone », *Lancet*, i, 1985, p. 1172.

Les leçons du drame

1. BROWN P., GAJDUSEK C.D., GIBBS D.J.Jr. et ASHER D., « Potential epidemic of Creutzfeldt-Jakob disease from human growth hormone therapy », *New England Journal of Medecine*, vol. 313, 1985, p. 728-731.

Folles les vaches ?

1. SIDERIUS C., *L'Alimentation des animaux domestiques, formulaires de rations*, Baillière, Paris, 1893, p. 30

2. MORGAN K.L., NICHOLAS K., GLOVER M.J. et HALL A.P., « A questionnaire survey of the prevalence of scrapie in sheep in Britain », *Veterinary Records*, vol. 127, 1990, p. 373-376.

3. La publication, en 1883, par un vétérinaire de Haute-Garonne nommé Sarradet, d'un article intitulé « Un cas de tremblante sur un bœuf » (*Revue vétérinaire*, vol. 31, p. 310-312), est parfois prise comme démonstration que l'ESB existait déjà à cette époque. Cependant, les signes cliniques – principalement un prurit de la base de la queue – s'ils rappellent la tremblante du mouton ne sont guère évocateurs de l'ESB telle que nous la connaissons aujourd'hui. De plus, la rapidité de l'évolution de la maladie – une quinzaine de jours – est assez surprenante. On peut donc s'interroger sur la nature réelle de cette maladie observée par Sarradet. Peut-être était-ce un cas d'ESB dont les symptômes étaient différents de ceux de la maladie actuelle, ce qui n'aurait rien d'étonnant, vu la variabilité dans l'expression des ESST chez d'autres espèces, mais peut-être s'agissait-il d'une maladie totalement différente.

De la vache à l'homme

1. HOLT T.A. et PHILIPS J., « Bovine spongiform encephalopathy », *British Medical Journal*, vol. 296, 1988, p. 1581-1582.

2. TAYLOR D.M., « Bovine spongiform encephalopathy and human health », *Veterinary Records*, vol. 125, 1989, p. 413-415.

3. L'existence d'épidémies d'encéphalopathie spongiforme dans plusieurs élevages de visons a été notée dès les années 1960. Le rapprochement avec la tremblante fut fait d'emblée et l'idée s'est imposée que ces animaux avaient été contaminés par un agent infectieux présent dans la viande qu'on leur donnait à manger. La tremblante n'étant alors connue que chez le mouton, il parut d'abord probable que l'agent provenait de ces animaux. Cependant, par la suite, des épidémies ont été identifiées chez des visons qui n'avaient jamais été nourris avec de la viande ovine. Ils pourraient donc avoir été contaminés avec un agent d'origine bovine, ce qui indiquerait l'existence de l'ESB sur le territoire américain, ou un agent provenant d'élans sauvages, également utilisés pour nourrir les visons et chez lesquels existe une maladie semblable à la tremblante.

4. BRITTON T.C., AL-SARRAJ S., SHAW C. et coll., « Sporadic Creutzfeldt-Jakob disease in a 16-year-old in the UK », *Lancet*, vol. 346, 1995, p. 1155.

5. WILL R.G., IRONSIDE J.W., ZEIDLER M. et coll., « A new variant of Creutzfeldt-Jakob disease in the UK », *Lancet*, vol. 347, 1996, p. 921-925.

6. ANDERSON R.M., DONALLY C.A., FERGUSON N.M. et coll., « Transmission dynamics and epidemiology of BSE in British cattle », *Nature*, vol. 382, 1996, p. 779-788.

Le secret de la garde-robe

1. En premier lieu, nous avons vu plus haut que la protéine infectieuse n'était pas totalement résistante à la protéinase K, celle-ci éliminant une petite portion de la chaîne d'acides aminés ; or la longueur de cette portion n'est pas exactement la même dans toutes les souches de prions et cela se traduit par une différence de taille de la protéine après le traitement avec la protéinase. En second lieu, la protéine du prion est en fait une « glycoprotéine », des sucres étant liés à la chaîne d'acides aminés en un ou deux endroits de cette chaîne ; la proportion des molécules portant ces sucres, soit en un, soit en deux points de la chaîne, varie selon les souches. Enfin, des différences ont été observées dans les interactions des prions des différentes souches avec des anticorps.

2. La protéine normale utilisée dans ces expériences est extraite de cellules cultivées en présence d'un acide aminé marqué avec un isotope radioactif et elle est donc radioactive. On peut ainsi suivre son devenir

après qu'elle a été mélangée avec de la protéine infectieuse non radioactive et l'on constate qu'elle devient résistante à la protéinase K. Malheureusement, cette conversion ne s'observe qu'en présence d'un excès de protéine infectieuse, de telle sorte que, si la protéine normale devenait à son tour infectieuse, l'augmentation relative du pouvoir infectieux du mélange serait trop faible pour être détectable.

3. Un oligomère est un polymère de taille réduite, ne comportant qu'un petit nombre de monomères.

Vaincre le Mal ?

1. À la mi-décembre 2000, l'Agence française de sécurité sanitaire des aliments (AFSSA) a publié les premiers résultats d'un programme pilote de dépistage rapide de l'ESB. Il en est ressorti que, sur les quinze mille bovins testés, 2,1 pour mille étaient positifs. Cependant, il s'agissait d'un échantillon à risque, ne portant que sur des animaux de plus de deux ans trouvés morts, euthanasiés ou abattus d'urgence pour cause d'accident et provenant des départements les plus touchés par l'épidémie. La proportion d'animaux contaminés parmi ceux susceptibles d'entrer dans la chaîne alimentaire est certainement beaucoup plus faible. Selon un article paru à la même époque dans *Nature,* une centaine d'animaux contaminés au maximum pourraient être entrés dans la chaîne alimentaire en France durant l'année 2000. Cela peut paraître beaucoup, mais ne représenterait tout de même qu'un animal porteur de l'agent de l'ESB sur dix mille abattus à des fins de consommation.

Épilogue

1. Assez curieusement, les mots « protéiforme » et « protéine » ont des origines étymologiques différentes. Alors que le premier, créé en 1761, vient effectivement du nom du dieu grec Protée, le second fut créé par le chimiste Berzelius en 1838, à partir du grec *prôtos,* qui signifie « premier », pour désigner le principal composant des êtres vivants.

BIBLIOGRAPHIE

BEAUVAIS P. et BILLETTE DE VILLEMEUR T., *Maladie de Creutzfeldt-Jakob et autres maladies à prion*, Flammarion, « Médecine-Sciences », Paris, 1996.

BROWN P. et BRADLEY R., « 1755 and all that : a historical primer of transmissible spongiform encephalopathy », *British Medical Journal*, vol. 317, 1998, p. 1688-1692.

BROWN P., PREECE M., BRANDEL J.P. et coll., « Iatrogenic Creutzfeldt-Jakob disease at the millenium », *Neurology*, vol. 55, 2000, p. 1075-1081.

CASSUTO J.-P., *De la maladie de la vache folle à celle de Creutzfeldt-Jakob*, Odile Jacob, Paris, 1999.

CHASTEL C., *Ces virus qui détruisent les hommes*, Ramsay, Paris, 1996, p. 252-284.

DEBRÉ P., *Louis Pasteur*, Flammarion, Paris, 1994.

DORMONT D., « Les prions », *Virologie*, vol. 4, 2000, p. 5-9.

DUBOS R., *Louis Pasteur, franc-tireur de la science*, La Découverte, Paris, 1995.

FARQUHAR J. et GAJDUSEK D.C. (eds.), *Kuru. Early letters and field notes from the collection of D. Carleton Gajdusek*, Raven Press, New York, 1981.

HERMITTE M.-A. et DORMONT D., « Propositions pour le principe de précaution à la lumière de l'affaire de la vache folle », *in Le Principe de précaution. Rapport au Premier ministre*, présenté par KOURILSKY P. et VINEY G., Odile Jacob, Paris, 2000.

HIRSCH M., DUNETON P., BARALON P. et NOIVILLE F., *L'Affolante Histoire de la vache folle*, Balland, Paris, 1996.

PRUSINER S., « Les maladies à prions », *Pour la Science*, n° 209, 1995, p. 42-50.

RATZAN S.C., *The Mad Cow crisis, health and the public good*, UCL Press, London, 1998.

RHODES R., *Festins mortels*, Plon, Paris, 1998.

RIDLEY R.M. et BAKER H.F., *Fatal Protein. The story of CJD, BSE, and other Prion Diseases*, Oxford University Press, New York, 1998.

WATSON J.D., *La Double Hélice*, Hachette, Paris, 1999.

ZIGAS V., *Laughing Death. The untold story of kuru*, Humana Press, Clifton, New Jersey, 1990.

REMERCIEMENTS

Je dois d'abord des excuses aux très nombreux collègues dont j'ai rapporté les travaux sans les citer nommément. Si je n'ai mentionné que quelques noms, c'est que j'ai voulu éviter d'alourdir le texte et lui donner un tour trop savant.

Ma femme m'a très fortement incité à écrire ce livre et n'a cessé ensuite de me soutenir dans cette entreprise. Les nombreuses discussions que j'ai eues avec elle, ainsi qu'avec Barbara, m'ont été précieuses.

Un collègue pour qui j'avais beaucoup d'amitié, mais qui nous a malheureusement quittés au moment où je commençais la rédaction de ce livre, a joué un rôle majeur dans ma décision de l'écrire ; il s'agit de Florian Horaud, qui avait rédigé une étude sur le sujet et avait eu la bonté de me la communiquer. Sa disparition prématurée m'a fort affecté et je souhaite rendre hommage à sa mémoire.

Plusieurs collègues m'ont prodigué des encouragements, fourni des documents et ont lu tout ou partie du manuscrit en me proposant des améliorations : Michel Brahic, Jean Castex, Michel Goldberg, Jean-Louis Guénet,

Benno Muller-Hill, Michèle Mock et Agnès Ullmann en particulier. Un ami de longue date, Franck Laloë, a porté à deux reprises sur le texte l'œil d'un non-spécialiste et a mis le doigt sur les nombreux passages qui demandaient des éclaircissements. L'intérêt qu'il a marqué pour mon entreprise m'a laissé espérer que je ne faisais pas fausse route. Claude Chastel m'a ouvert les archives qu'il avait réunies sur le sujet en vue de la rédaction de son ouvrage *Ces virus qui détruisent les hommes*. Que tous soient remerciés.

Ma gratitude va également au personnel de la bibliothèque de l'Institut Pasteur et particulièrement à Corinne Verry, qui la dirige, ainsi qu'à Élisabeth Grison et Agnès Grébot, responsables, respectivement, des bibliothèques de l'École nationale vétérinaire d'Alfort et de l'Agence française de sécurité sanitaire des aliments, qui m'ont permis de collecter, avec l'aide de ma secrétaire, Yolande Meunier, l'essentiel des articles scientifiques et ouvrages ayant servi de base à ce travail. Annick Perrot, conservateur du Musée Pasteur, a été pour moi une source inépuisable de renseignements sur Pasteur et ses élèves. Une visite au Rural History Center de l'Université de Reading, en Angleterre, où j'ai été accueilli très chaleureusement, m'a permis de retrouver plusieurs documents anciens concernant la tremblante. Enfin, je suis très reconnaissant au docteur Charles Mérieux, qui vient hélas de disparaître, et à Betty Dodet de m'avoir permis de participer au colloque organisé en novembre 2000 sur les maladies à prions. J'ai ainsi pu rencontrer les principaux acteurs du domaine et leur poser les questions qui me tenaient à cœur.

TABLE

Ouvrage publié sous la responsabilité éditoriale de Gérard Jorland

CET OUVRAGE A ÉTÉ TRANSCODÉ
ET ACHEVÉ D'IMPRIMER SUR ROTO-PAGE
PAR L'IMPRIMERIE FLOCH À MAYENNE
EN FÉVRIER 2001

N° d'impression : 50623.
N° d'édition : 7381-0958-X.
Dépôt légal : mars 2001.

Imprimé en France